应用型本科信息大类专业“十三五”规划教材

Java程序设计与实战

主　编　雷　鸿　孙海南　吴　亮

副主编　曾　辉　钱　程　黄金水

主　审　金弘林

西安电子科技大学出版社

内 容 简 介

本书分理论篇和实战篇。理论篇的主要内容包括 Java 的开发环境配置、基本语法、基本结构、数组和字符串、对象和类、继承和封装、常用类和集合框架等；实战篇以 4 个实用、有趣的游戏或项目作为训练题材，训练内容涉及本书所介绍的基本知识和技术要点，进一步强化读者对 Java 的基本语法、基本结构、数组和字符串、类和对象等面向对象设计思想及相关技巧的理解，进而全面提高实践动手能力。本书使用的开发环境是 JDK1.8+IDE(Eclipse)，全书内容由浅入深、结构合理、重点难点突出、注重应用。

本书的编写结合了企业软件开发的思想，为学校教学量身定做，针对每个章节都设置了建议的基本教学课时；书中列出了所有实例的代码以及开发过程中用到的软件，供读者学习和参考。本书可作为高校计算机科学与技术、软件工程、网络工程、物联网、计算机软件、计算机信息管理、电子信息技术和经济管理等相关专业的程序设计教材，也可以作为科研、程序设计等人员的参考书籍。

图书在版编目(CIP)数据

Java 程序设计与实战 / 雷鸿，孙海南，吴亮主编. 一西安：西安电子科技大学出版社，2019.1

ISBN 978-7-5606-5171-2

Ⅰ. ① J… Ⅱ. ① 雷… ② 孙… ③ 吴… Ⅲ. ① JAVA 语言—程序设计 Ⅳ. ① TP312.8

中国版本图书馆 CIP 数据核字(2018)第 286824 号

策划编辑 杨丕勇
责任编辑 张 玮
出版发行 西安电子科技大学出版社(西安市太白南路 2 号)
电 话 (029)88242885 88201467 邮 编 710071
网 址 www.xduph.com 电子邮箱 xdupfxb001@163.com
经 销 新华书店
印刷单位 陕西日报社
版 次 2019 年 1 月第 1 版 2019 年 1 月第 1 次印刷
开 本 787 毫米×1092 毫米 1/16 印 张 14
字 数 329 千字
印 数 1～3000 册
定 价 35.00 元

ISBN 978-7-5606-5171-2 / TP

XDUP 5473001-1

如有印装问题可调换

前　　言

面向对象的程序设计技术已经成为当今计算机应用开发领域的主流技术，而Java语言自1991年诞生以来，至今经历了二十多年的磨砺，已经成为目前世界上最流行、使用最广泛的面向对象程序设计语言之一。Java语言既是当今大多数软件开发人员的首选，也是高校开设程序设计类课程的首选语言。

本书的编者既有长期从事教学工作的一线教师，也有具备极其丰富的企业软件开发经验的项目经理、设计者和开发人员。在编写过程中，编者以“实战教学法”贯穿本书，全书具有以下特点：

(1) 实战性：所有内容都由案例引入，通俗易懂，并且附有项目实战，进一步加强学生的实践动手能力。

(2) 流行性：书中讲解的都是软件开发过程中Java程序设计最流行的方法、技巧和设计模式，并加强对面向对象设计思想的培养。

(3) 适合教学：书中每一个章节都安排适当的知识点和相关案例，并且给出建议课时，教师可以根据实际情况选用，也可以进行适当增减。

本书分为理论篇和实践篇两部分。理论篇共8章，各章内容如下：

第1章为开发简单Java应用程序，主要介绍Java的起源历史、工作原理、常用的开发工具、JDK和Eclipse的安装配置。建议2学时。

第2章为Java的基本语法(上)，主要介绍Java语言基础，包括标识符、变量和常量、数据类型、类型转换等。建议4学时。

第3章为Java的基本语法(下)，主要介绍Java语言的表达式以及流程控制语句。建议4学时。

第4章为Java的数组，主要介绍Java数组相关的知识。建议4学时。

第5章为Java的类和对象(上)，主要介绍面向对象中类和对象的基本概念、成员变量和方法以及包的导入等内容。建议4学时。

第6章为Java的类和对象(下)，主要介绍面向对象的类的继承基本概念和特性、Java中类和接口的概念以及方法的重载和覆盖。建议4学时。

第7章为Java的常用类，主要介绍Java的常用类，如String、StringBuffer、StringBuilder等。建议4学时。

第8章为Java的集合框架，主要介绍Java的集合框架。建议6学时。

实战篇的内容如下：

实战S1为Java开发环境平台搭建，介绍Java开发环境的构建方法和软件开发的基本技巧。建议4学时。

实战S2为利用Java循环和分支结构开发万年历，介绍Java程序设计基本结构(顺序、分支和循环结构)的使用方法和相关技巧。建议8学时。

实战S3为利用Java的类和对象开发猜拳游戏，介绍定义类、描述类的属性和方法，创建和使用对象，使用包组织以及开发 Java 工程的基本方法和流程。建议 10 学时。

实战 S4 为利用 Java 综合知识开发 MINI 音乐管理系统，介绍项目开发的业务逻辑分析、程序设计的基本流程和基本方法，以及运行和测试的基本方法。建议 10 学时。

本书可作为高校计算机相关专业 Java 程序设计课程的相关教材，也可作为 Java 技术培训教材以及缺乏 Java 项目实战经验的程序员的快速入门教材。

本书提供所有实例的源代码，供读者学习参考使用，所有程序和项目均已经过作者精心调试。

编　者

2018 年 10 月

目　录

理　论　篇

实　战　篇

理 论 篇

第 1 章 开发简单 Java 应用程序

本章要点

- ✓ Java 语言的发展过程
- ✓ Java 的工作原理及特点
- ✓ Java SDK 的安装与配置
- ✓ Eclipse 的安装与使用
- ✓ Java 程序开发

1.1 Java 语言的发展过程

Java 语言最早诞生于 1991 年，刚开始它只是 Sun 公司为一些消费性电子产品所设计的通用环境。因为当时 Java 的应用对象只限于 PDA、电子游戏机、电视机顶盒之类的消费性电子产品，所以并未被众多的编程技术人员所接受。

在 Java 出现以前，Internet 上的信息内容都是一些静态的 HTML 文档。正是因为在 Web 中看不到交互式的内容，所以人们很不满意当时的 Web 浏览器，他们迫切希望能够在 Web 上创建一类无须考虑软、硬件平台就可以执行的应用程序，并且这些程序还要有极大的安全保障。正是由于这种需求给 Java 带来了前所未有的施展舞台。

Sun 的工程师从 1994 年起将 Java 技术应用于 Web 上，并且开发出了 HotJava 的第一个版本。于是，Java 的名字逐渐变得广为人知。

Java 在 Sun World95 中正式发布。“一次编写，处处运行”的特点使得用 Java 技术开发的软件不用修改或重新编译就可以直接应用于任何计算机上，并使 Java 得到了广泛的关注。

从此以后，随着网络的快速发展，Java 成为应用最广泛的程序语言。一时间使用 Java 技术进行软件开发成为广大技术人员的一种时尚。到 2018 年 6 月为止，Java 已经发布了一系列的版本，目前最新版本为 JDK10.0.1(1.7.0)预览版。

1.2 Java 的工作原理及特点

Java 是一种高级的、通用的、面向对象的、适用于网络环境的程序设计语言，同时它又是一种计算平台，为程序的运行提供了一个统一通用的环境，并屏蔽底层的操作系统及硬件环境的差异性。

1.2.1　Java 程序的处理过程

一个 Java 程序的运行必须经过编写、编译、运行三个步骤。

编写是指在某个 Java 语言开发环境中进行程序代码的输入与编辑，最终形成后缀名为“.java”的 Java 源文件。

编译是指使用 Java 编译器(javac 命令)把源文件翻译成二进制代码的过程。这期间也进行语法级别错误和引用错误的排查，编译后将生成后缀名为“.class”的字节码文件。该字节码文件并不是一个可以直接运行的文件。

运行是指使用 Java 解释器(java 命令)将字节码文件翻译成机器代码，执行并得到运行结果。

Java 程序流程如图 1-1 所示。

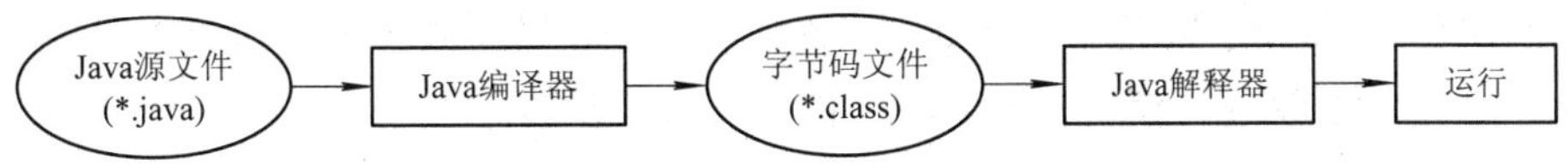

图 1-1　Java 程序运行流程

1.2.2　Java 字节码文件

字节码文件是一种和任何具体机器环境及操作系统环境无关的中间代码。Java 字节码文件是一种二进制文件，是 Java 源文件由 Java 编译器编译后生成的目标代码文件。编程人员和计算机都无法直接读懂字节码文件，它必须由专用的 Java 解释器来解释执行，因此 Java 是一种在编译基础上进行解释运行的语言。

1.2.3　Java 虚拟机

Java 程序不能直接运行在现有的操作系统平台上，它必须运行在被称为 Java 虚拟机(Java Virtual Machine，JVM)的软件平台之上。

JVM 是驻留于计算机内存的虚拟计算机或逻辑计算机，实际上是一段负责解释并执行 Java 字节码的程序。Java 解释器作为 JVM 的一部分，负责将字节码文件翻译成对应于具体硬件环境和操作系统平台的机器代码，以便执行。

在运行 Java 程序时，首先会启动 JVM，然后由它来负责解释执行 Java 的字节码文件，并且 Java 字节码文件只能运行于 JVM 之上。这样利用 JVM 就可以把 Java 字节码程序和具体的硬件平台以及操作系统环境分隔开来，只要在不同的计算机上安装了针对于特定具体平台的 JVM，Java 程序就可以运行，而不用考虑当前具体的硬件平台及操作系统环境，也不用考虑字节码文件是在何种平台上生成的。JVM 把这种不同软硬件平台的具体差别隐藏起来，从而实现了真正的二进制代码级的跨平台移植。JVM 是 Java 平台无关的基础，Java 的跨平台特性正是通过在 JVM 中运行 Java 程序体现的。Java 的这种运行机制如图 1-2 所示。

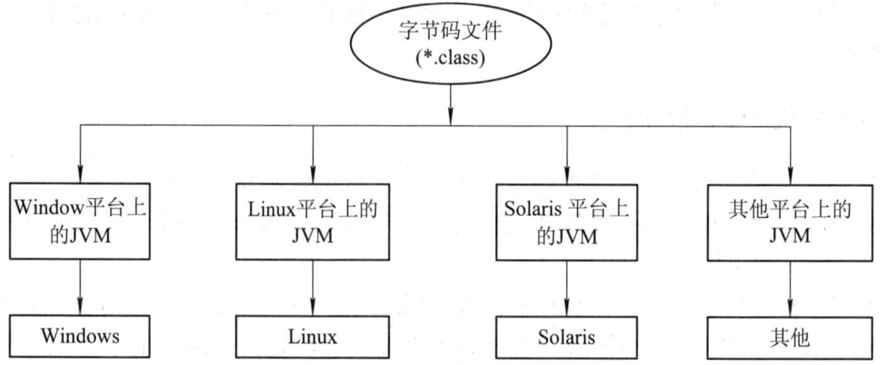

图 1-2　Java 运行机制

Java 语言这种“一次编写，处处运行”的方式，有效地解决了目前大多数高级程序设计语言需要针对不同系统编译产生不同机器代码的问题，即硬件环境和操作平台的异构问题，大大降低了程序开发、维护和管理的开销。需要注意的是，Java 程序通过 JVM 可以达到跨平台特性，但 JVM 是不跨平台的。也就是说，不同操作系统之上的 JVM 是不同的，Windows 平台上的 JVM 不能用在 Linux 平台上，反之亦然。

1.2.4　垃圾回收

Java 虚拟机使用两个独立的堆内存，分别用于静态内存分配和动态内存分配。其中一个是非垃圾回收堆内存，用于存储所有类的定义、常量池和方法表。另一个堆内存再分为两个可以根据要求往不同方向扩展的小块。垃圾回收的算法适用于存放在动态堆内存中的对象。垃圾回收器将在回收对象实例之前调用 finalize( )方法。即使显式调用垃圾回收方法(System.gc( ))，也不能保证立即运行，这是因为垃圾回收线程的运行优先级很低，经常会被中断。

1.3　Java SDK 的安装与配置

若要编写 Java 程序，就需要相应的开发工具。现在可用于开发 Java 程序的工具很多，Java SDK 是 Sun 公司(现被 Oracle 收购)提供的免费开发工具集。

Java SDK(Java Software Development Kit)即 Java 软件开发工具包，也称为 JDK。截至 2018 年 6 月，提供下载的 Java SDK 标准版软件最新版本为 10.0.1，不同的操作系统有不同的版本。下面介绍在 Windows XP 操作系统下安装和配置 Java SDK 的过程。

1.3.1　下载并安装 Java SDK 开发工具

Java SDK 目前有以下几个版本：

Java SE(Java Platform，Standard Edition)：Java 平台标准版，提供基础 Java 开发工具、执行环境与 API(Application Program Interface)。

Java ME(Java Platform，Micro Edition)：Java 平台微型版，适用于消费性电子产品，提供嵌入式系统所使用的 Java 开发工具、执行环境与 API。

Java EE(Java Platform，Enterprise Edition)：Java 平台企业版，它是由 Sun 公司所提出的一组技术规格，规划企业用户以 Java 技术开发、分发、管理多层式应用结构。

学习 Java 语言和进行一般的应用开发，使用 Java SE 版本就足够了。为了运行的稳定性，本书采用的是 Java SDK 1.6 版本。可以从 Sun 公司的网站上下载该版本，下载的网址是：http://java.sun.com/javase/downloads/index.jsp(图 1-3 所示为下载页面)。

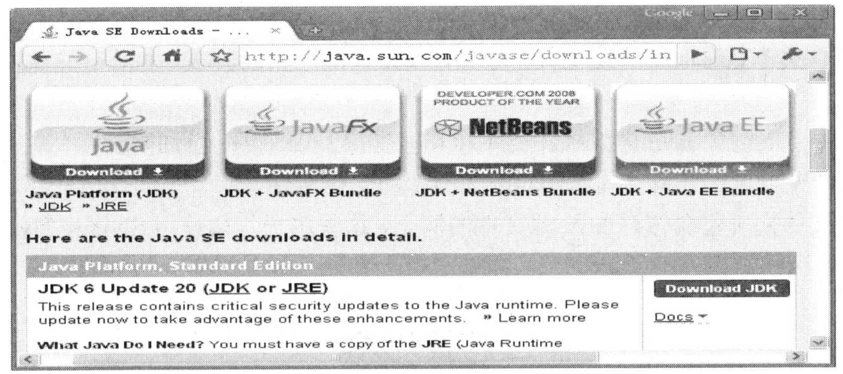

图 1-3　JDK 下载页面

进入下载页面后，按网页的提示进行操作，下载后的文件名称类似于 jdk-6u10-rc2-bin-b32-windows-i586-p-12_sep_2008.exe，不同更新版本的文件名可能有差别。具体安装步骤如下：

(1) 双击运行下载的安装文件。在弹出的关于许可证协议的对话框中，单击“接受”按钮，接受许可证协议，否则不能安装。

(2) 在弹出的“自定义安装”对话框中，选择 JDK 的安装路径，如图 1-4 所示。单击“更改”按钮可更改安装路径。为加快安装速度，Java DB、公共 JRE、源代码等选项可不安装，但开发工具选项是必需的。

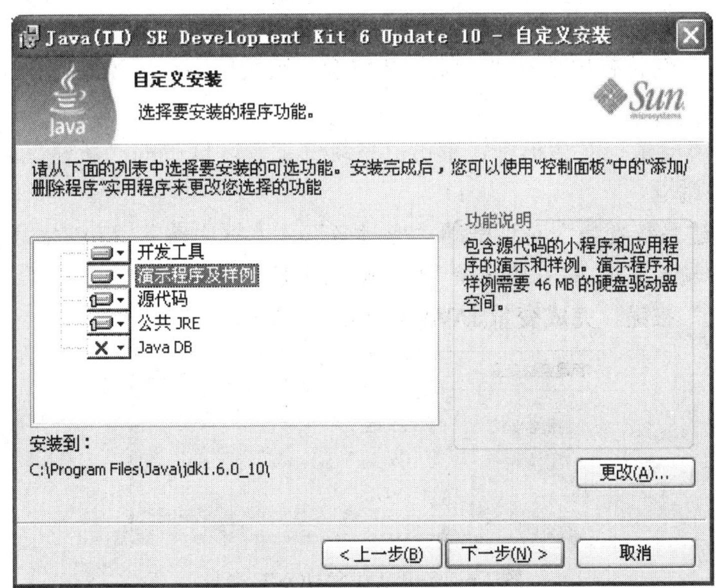

图 1-4　选择 JDK 安装路径

(3) 单击图 1-4 中的“下一步”按钮，开始安装。如果在图 1-4 中选择了安装“公共 JRE”，则在安装的过程中还会弹出另一个“自定义安装”对话框，提示用户选择 Java 运行时环境的安装路径，其操作过程与图 1-4 所示的界面类似。

(4) 单击“完成”按钮完成 JDK 的安装。

在默认情况下，安装后会在 C 盘“Program Files”文件夹下产生如图 1-5 所示的文件夹结构，其中：

bin 文件夹下包含一些开发工具，这些开发工具能够帮助开发、执行、调试以及文档化 Java 程序。

jre 文件夹下包含 Java 虚拟机、类库和其他支持 Java 程序运行的文件。

lib 文件夹下包含开发工具所需的附加类库和支持文件。

demo 文件夹下包含带有 Java 源文件的例子，这些例子包括使用 Swing、Java 的基础类和 Java 平台调试结构的例子。

图 1-5　Java SDK 安装文件夹结构

1.3.2　JDK 的配置与测试

JDK 安装完成后，需要设置环境变量及测试 JDK 配置是否成功，具体步骤如下：

(1) 在 Windows 系统桌面上右键单击“我的电脑”图标，选择“属性”菜单项。在弹出的“系统属性”对话框中选择“高级”选项卡，然后单击“环境变量”按钮，弹出“环境变量”对话框。

(2) 在“环境变量”对话框中，单击“系统变量”区域中的“新建”按钮，弹出“新建系统变量”对话框。

(3) 在“新建系统变量”对话框的“变量名”文本框中输入“JAVA_HOME”，在“变量值”文本框中输入 JDK 的安装路径“C:\Program Files\Java\jdk1.6.0_10”，如图 1-6 所示。最后单击“确定”按钮，完成变量 JAVA_HOME 的创建。

图 1-6　创建 JAVA_HOME 变量

(4) 查看是否存在 Path 变量。若存在，则编辑该变量，在变量值后加入“;%JAVA_

HOME%\bin”，如图 1-7 所示；若不存在，则新建该变量，并设置变量值为“%JAVA_HOME%\bin;”。

图 1-7　编辑 Path 变量

(5) 查看是否存在 Classpath 变量。若存在，则在变量值的后面加入“.;%JAVA_HOME%\lib\dt.jar;%JAVA_HOME%\lib\tools.jar”；若不存在，则创建该变量，并设置同上的变量值。

(6) 测试 JDK 的安装和配置是否成功。依次单击“开始”按钮，单击“运行”菜单项，在弹出的“运行”对话框中输入“cmd”命令，进入命令提示符窗口。进入任意目录下输入“javac”命令，按“Enter”键执行该命令，系统会输入 javac 命令的使用帮助信息，如图 1-8 所示。这说明 JDK 安装配置成功，否则需要检查上面各步骤的操作是否正确。

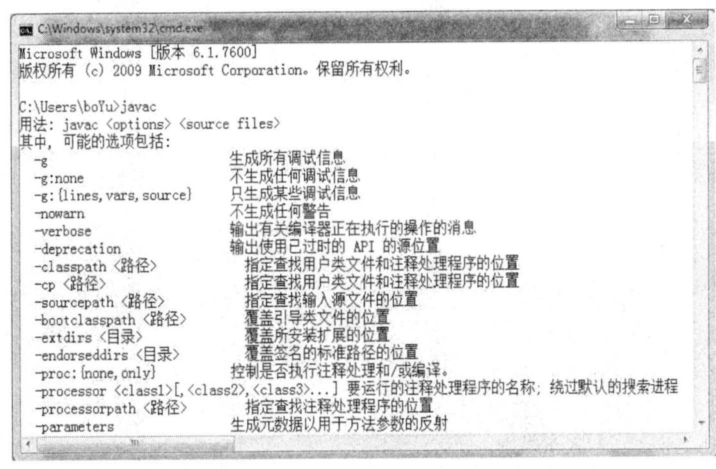

图 1-8　显示 javac 命令的使用帮助

1.4　Eclipse 的安装与使用

Eclipse 是一个基于 Java 的、开放源码的、可扩展的应用开发平台，它为编程人员提供了一流的 Java 集成开发环境(Integrated Development Environment，IDE)。它也是一个可以用于构建集成 Web 和应用程序开发工具的平台。

1.4.1　Eclipse 的安装与启动

在 Eclipse 的官方网站 http://ww.eclipse.org 可下载 Eclipse 的最新版本，下载后的文件一般为一个 zip 格式的压缩文件。

(1) 将下载后的压缩文件解压后，双击 eclipse.exe 文件就可启动 Eclipse。

(2) 解压完成后，启动的 Eclipse 是英文版的，可以通过安装 Eclipse 的多国语言包来实现 Eclipse 的本地化。多国语言包可从 Eclipse 官方网站下载。具体的 Eclipse 汉化步骤请参看相关文献。

(3) 每次启动 Eclipse 时，都需要设置工作空间，以存放创建的项目。如图 1-9 所示，单击“Browse”按钮可选择一个存在的文件夹，可通过勾选“Use this as the default and do not ask again”选项屏蔽该对话框。

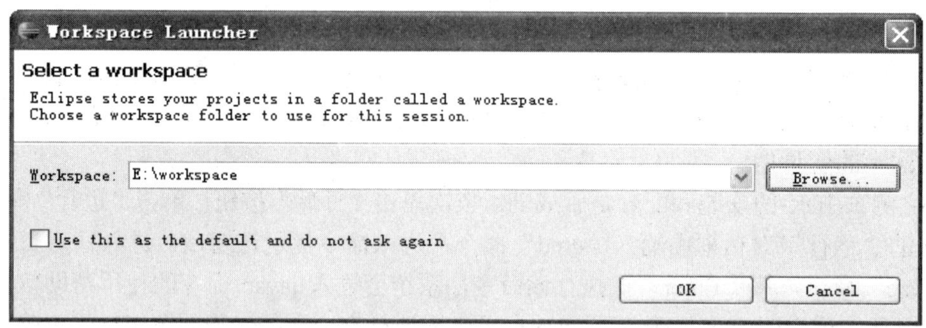

图 1-9　启动 Eclipse 时设置工作空间

(4) 单击“OK”按钮，若是初次进入，则在第(3)步选择的工作空间会出现 Eclipse 欢迎界面，如图 1-10 所示。

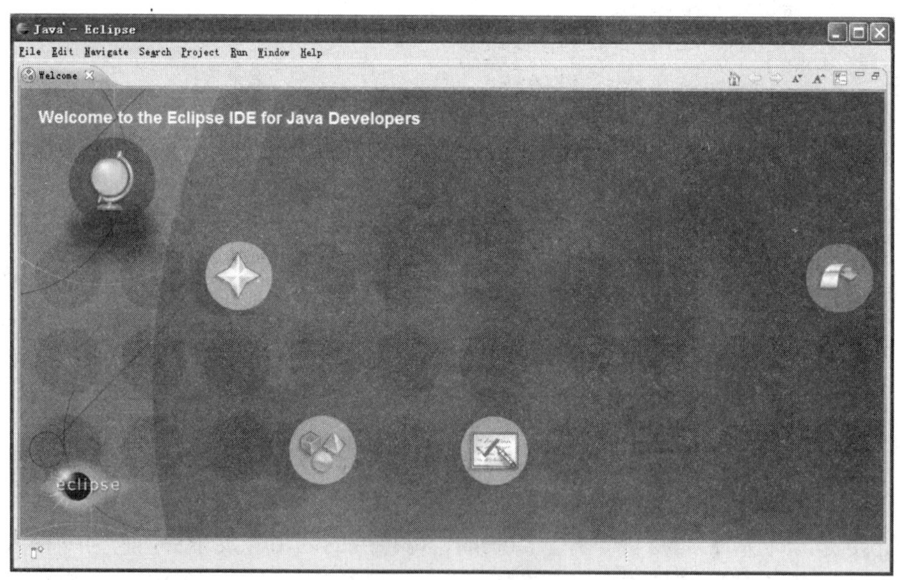

图 1-10　Eclipse 的欢迎界面

1.4.2　Eclipse 的使用

1. Eclipse3.2 开发工具的常用快捷键

如表 1-1 所示，熟悉 Eclipse3.2 开发工具的常用快捷键可大幅提高效率。

表 1-1　Eclipse3.2 开发工具的常用快捷键

快捷键	功　　能
F3	跳转到类或变量的声明处
Alt + /	代码提示
Alt + 上下方向键	将选中的一行或多行向上或向下移动
Alt + 左右方向键	跳到前一次或后一次的编辑位置，在代码跟踪时用得比较多
Ctrl + /	注释或取消注释
Ctrl + D	删除光标所在行的代码
Ctrl + K	将光标停留在变量上，按该快捷键可查找下一个相同变量
Ctrl + Q	回到最后编辑的位置
Ctrl + Shift + K	和 Ctrl+K 键查找的方向相反
Ctrl + Shift + X	将所选字符转为大写
Ctrl + Shift + Y	将所选字符转为小写
Ctrl + Shift + /	注释代码块
Ctrl + Shift + \	取消注释代码块
Ctrl + Shift + M	导入未引用的包
Ctrl + Shift + D	在 debug 模式中显示变量值
Ctrl + Shift + T	查找工程中的类
Ctrl + Shift + Down	复制光标所在行至其下一行
鼠标双击括号(小括号、中括号、大括号)	将选择括号内的所有内容

2. 使用 Eclipse 开发简单的 Java 应用程序

下面给出使用 Eclipse 开发一个简单的 Java 应用程序的例子，步骤如下：

(1) 启动 Eclipse，弹出如图 1-9 所示的对话框，通过该对话框选择一个工作空间，然后单击“OK”按钮进入 Eclipse 开发界面，如图 1-11 所示。

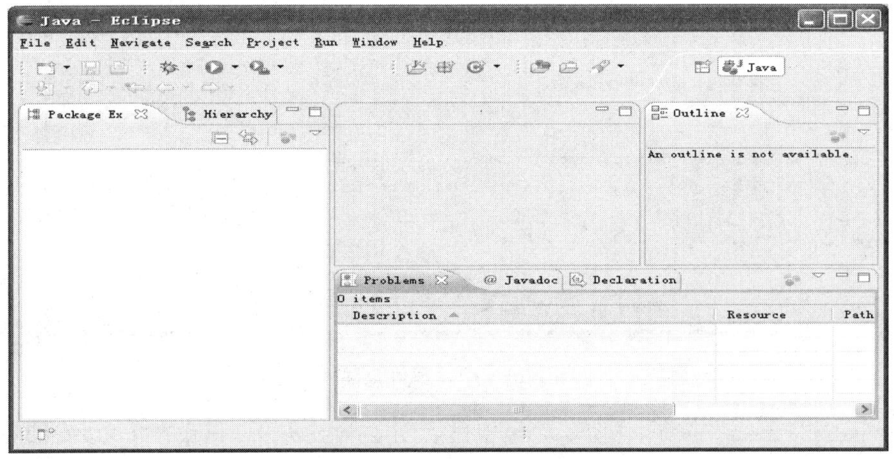

图 1-11　Eclipse 开发界面

(2) 依次单击菜单栏中的“File”/“New”/“Project”菜单项，弹出“New Project”对话框，如图1-12所示。

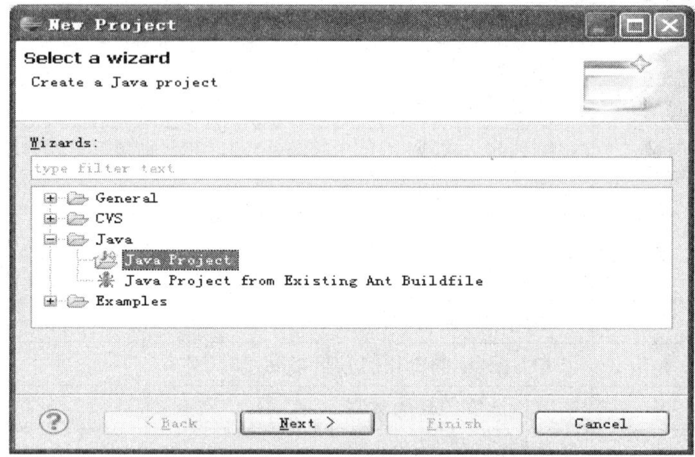

图1-12　“New Project”对话框

(3) 在图1-12所示的对话框中选择“Java Project”选项，并单击“Next”按钮。

(4) 在弹出的“New Java Project”对话框的“Project Name”文本框中输入项目名称，本例中项目名称为“MyJava”。其他保留默认配置，如图1-13所示。

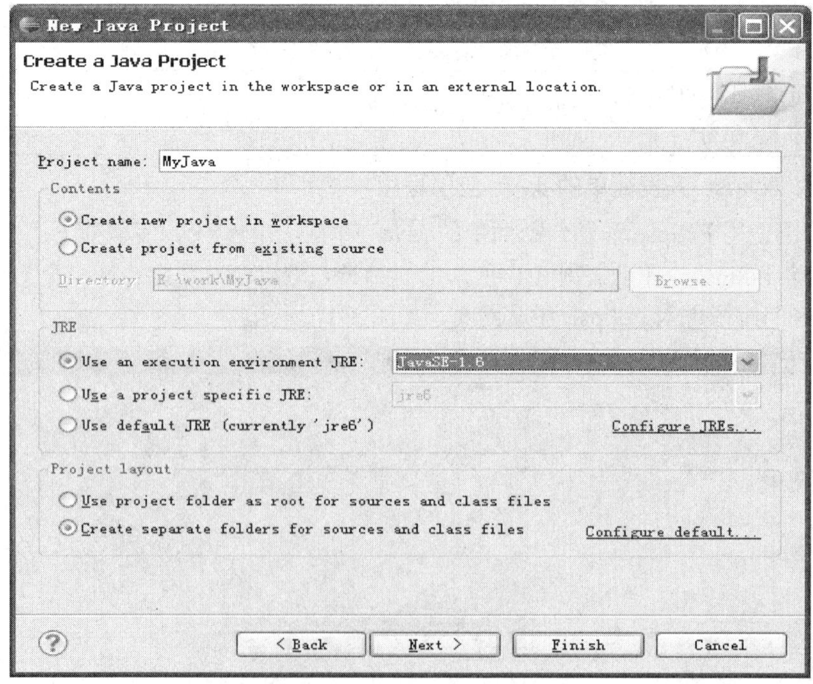

图1-13　配置项目对话框

(5) 单击“Finish”按钮，完成Java项目的创建，创建的项目会在Eclipse的左侧栏中显示，如图1-14所示。

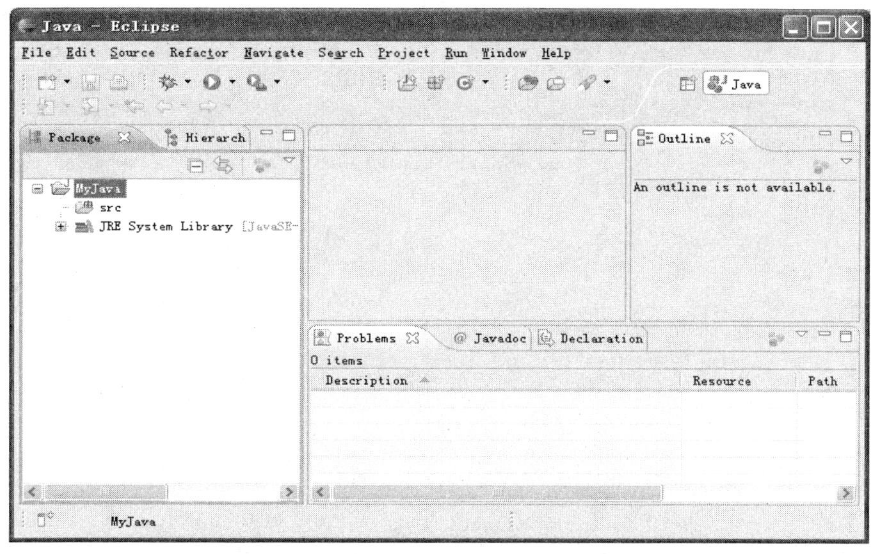

图 1-14　创建的 Java 项目

(6) 添加一个 Java Class。在图 1-14 的左侧栏“Package”中用鼠标右键单击项目名“MyJava”，在弹出的快捷菜单中依次选择“New”/“Class”，弹出如图 1-15 所示的“New Java Class”对话框。

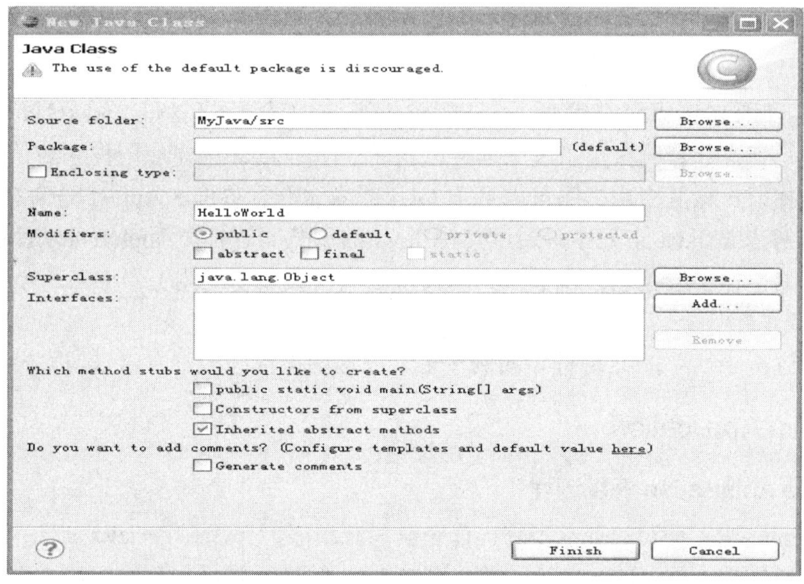

图 1-15　添加类对话框

(7) 在图 1-15 的“Name”栏中输入要添加的类的名称，本例中输入“HelloWorld”。因只包含一个主类，所以在下面勾选“public static void main(String [] args)”选项，使 Eclipse 自动在类中创建 main 方法。若添加的不是主类，则无需勾选此选项。其他保持不变，单击“Finish”按钮完成类文件的添加。Eclipse 会自动打开刚才添加的类文件，并且自动生成类定义和 main 方法定义的代码框架。在 main 方法中输入代码，最后界面如图 1-16 所示。

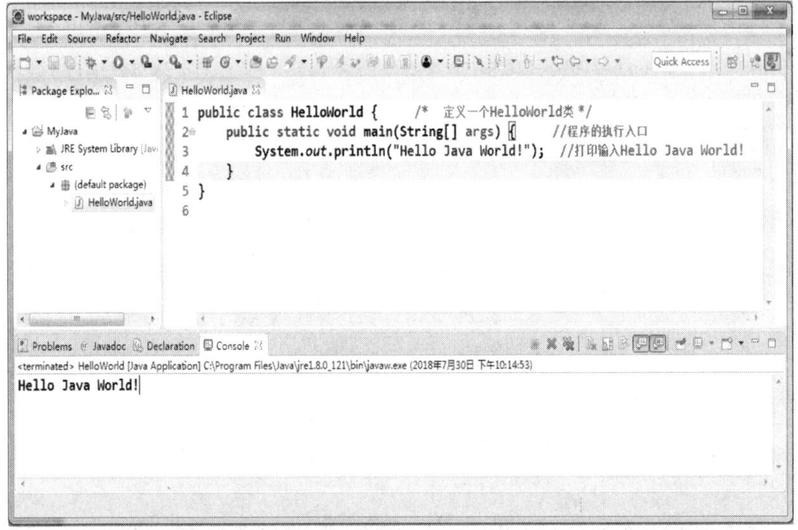

图 1-16　添加类及其代码后的界面

(8) 运行程序。单击工具栏中的 按钮，Eclipse 会自动完成程序的编译和运行，本例程序运行后会在 Eclipse 下方的 Console 窗格中显示“Hello Java World!”信息。

1.5　Java 程序开发

Java 可以用来生成两类程序：Application(Java 应用程序)和 Applet(Java 小程序)。Application 是指在计算机操作系统中运行的程序。使用 Java 创建应用程序与使用其他任何计算机语言相似，这些应用程序可以基于 GUI 或者命令行界面。Applet 是为在 Internet 上工作而特别创建的 Java 小程序，通过支持 Java 的浏览器运行。Applet 可以使用任何 Java 开发工具创建，但必须被包含或嵌入到网页中。当网页显示在浏览器上后，Applet 就被加载并执行。

下面通过两个简单的 Java 程序的例子来了解这两类程序的开发方法、程序结构及特点。

1.5.1　Java Application

1. Java Application 开发流程

Java Application 开发的基本步骤：首先编写源程序，并保存为 .java 文件；然后编译程序得到字节码文件，即 .class 文件；最后通过 Java 解释器解释执行字节码文件。整个开发流程如图 1-17 所示。

图 1-17　Java 程序开发流程

编译器 javac.exe 和解释器 java.exe 都安装在 JDK 安装目录下的 bin 文件夹中。bin 文件夹中还有其他一些 Java 的开发工具。

2. Java 程序编写的基本规范

对于初学者而言，编写 Java 程序的一些基本规范必须要牢记。

(1) Java 语言严格区分字母的大小写，如 Java 和 java 是不同的；

(2) 一条 Java 语句必须以分号结束；

(3) 大括号“{ }”用于构成一个语句块，总是成对出现的。

3. 案例实施

1) 编写源代码

通过一个简单的“HelloWorld”例子来说明 Application 程序的开发过程。

打开记事本(或者其他文本编辑器)，输入以下 Java 源代码：

```
public class HelloWorld {                          /* 定义一个类，类名为 HelloWorld */
  public static void main(String[] args) { //main()是 Java 应用程序的主要方法和执行入口
        System.out.println("Hello Java World!");     //在命令行下输出 Hello Java World!
  }
}
```

一个 Java Application 程序由若干个类组成，上例中只有一个类，类名为 HelloWorld，最外层的大括号及括号之间的内容称为类体。main()是类 HelloWorld 的一个方法，而且是主方法，一个 Application 程序有且只有一个类包含 main()方法，这个类就是程序的主类。上例中的类 HelloWorld 就是主类。

Application 程序的执行是从 main()方法开始的，main()方法的格式是固定不变的：

```
public static void main(String[] args)
```

Java 源程序文件的命名有着严格的限制，文件的扩展名为“.java”，源文件中只能有一个类用 public 修饰，源程序文件的名字必须和这个 public 的类的名字一致。因此，上例编辑完成后应该保存为“HelloWorld.java”。

2) 编译源代码

Java Application 程序需要先将源程序文件编译成字节码文件，才能被 Java 解释器解释运行。执行“开始”—“运行”命令，在弹出的“运行”对话框中输入“cmd”，单击“确定”按钮，打开命令提示符窗口。将命令提示符的当前路径切换到 Java 源程序文件所在的目录，如 D:\project，然后输入以下命令完成对 HelloWorld.java 的编译：

```
Javac HelloWorld.java
```

可执行文件 javac.exe 是 Java 的编译工具，用于对 Java 源文件进行编译。若源代码没有错误，编译成功后在 D:\project 目录下会生成一个字节码文件 HelloWorld.class。

3) 运行程序

使用 JDK 的解释器 java.exe 就可以对编译后得到的字节码文件进行解释执行了。在命令提示符后输入下面的命令，并按 Enter 键：

```
java HelloWorld
```

程序运行结果如图 1-18 所示。

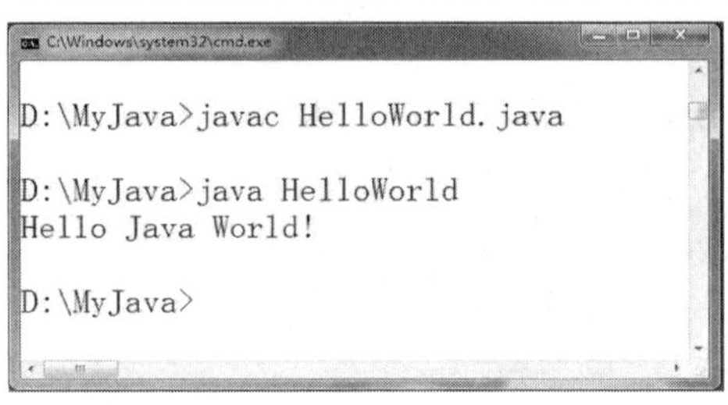

图 1-18 HelloWorld 程序运行结果

1.5.2 Java Applet

Applet 是采用 Java 编程语言编写的小应用程序，该程序可以包含在 HTML(标准通用标记语言的一个应用)页中，与在网页中包含图像的方式大致相同。

含有 Applet 的网页的 HTML 文件代码中部带有<APPLET>和</APPLET>这样一对标记，当支持 Java 的网络浏览器遇到这对标记时，就下载相应的小应用程序代码并在本地计算机上执行该 Applet。

1. 工作原理

Applet 是一种 Java 的小程序，它可以通过使用该 Applet 的 HTML 文件，由支持 Java 的网页浏览器下载运行；也可以通过 Java 开发工具的 appletviewer 来运行。Applet 程序离不开使用它的 HTML 文件。这个 HTML 文件中关于 Applet 的信息至少应包含以下三点：

(1) 字节码文件名(编译后的 Java 文件，以.class 为后缀)；

(2) 字节码文件的地址；

(3) 在网页上显示 Applet 的方式。

Applet 小应用程序的实现主要依靠 java.applet 包中的 Applet 类。与一般的应用程序不同，Applet 应用程序必须嵌入在 HTML 页面中，才能得到解释执行；同时 Applet 可以从 Web 页面中获得参数，并和 Web 页面进行交互。

Java Applet 可以大大提高 Web 页面的交互能力和动态执行能力。包含 Applet 的网页被称为 Java-powered 页，可以称其为 Java 支持的网页。当用户访问这样的网页时，Applet 被下载到用户的计算机上执行，但前提是用户使用的是支持 Java 的网络浏览器。由于 Applet 是在用户的计算机上执行的，所以它的执行速度不受网络带宽或者 Modem 存取速度的限制，用户可以更好地欣赏网页上 Applet 产生的多媒体效果。

在 Java Applet 中，可以实现图形绘制、字体和颜色控制、动画和声音的插入、人机交互及网络交流等功能。Applet 还提供了名为抽象窗口工具箱(Abstract Window Toolkit,AWT)的窗口环境开发工具。AWT 利用用户计算机的 GUI 元素，可以建立标准的图形用户界面，如窗口、按钮、滚动条等。目前，在网络上有非常多的 Applet 范例来生动地展现这些功能，读者可以调阅相应的网页以观看它们的效果。

一个 HTML 文件增加 Applet 有关的内容只是使网页更加富有生气，如添加声音、动画等这些吸引人的特征，它并不会改变 HTML 文件中与 Applet 无关的元素。

2. 开发步骤

Applet 程序开发步骤如下：

(1) 选用 EDIT 或 Windows Notepad 等工具作为编辑器建立 Java Applet 源程序。

(2) 把 Applet 的源程序转换为字节码文件。

(3) 编制使用 class 的 HTML 文件，在 HTML 文件内放入必要的<OBJECT>语句。

3. 案例实施

下面举一个最简单的 HelloWorld 例子来说明 Applet 程序的开发过程：

(1) 编辑 Applet 的 java 源文件。创建文件夹 C:\ghq，在该文件夹下建立 HelloWorld.java。

(2) 编辑源代码。文件的源代码如下：

```
import java.awt.*;
import java.applet.*;
//继承 Applet 类，这是 Applet Java 程序的特点
public class HelloWorld extends Applet {
      public void paint(Graphics g ){
            g.drawString("Hello World!",5,35);
            }
}
```

该程序是将上述文件以 HelloWorld.java 名称保存在 C:\ MyJava\目录的 MyJava 文件中。

(3) 编译 Applet。

编译 HelloWorld.java 源文件可使用如下 JDK 命令：

C:\MyJava\>javac HelloWorld.java<Enter>

注意：如果编写的源程序违反了 Java 编程语言的语法规则，Java 编译器将在屏幕上显示语法错误提示信息。源文件中必须不含任何语法错误，Java 编译器才能成功地把源程序转换为 appletviewer 和浏览器能够执行的字节码程序。

成功地编译 Java applet 之后生成相应的字节码文件 HelloWorld.class 的文件。用资源管理器或 DIR 命令列出目录列表，将会发现目录 C:\MyJava 中多了一个名为 HelloWorld.class 的文件。

(4) 创建 HTML 文件。在运行创建的 HelloWorld.class 之前，还需创建一个 HTML 文件，appletviewer 或浏览器将通过该文件访问创建的 Applet。为运行 HelloWorld.class, 需要创建包含如下 HTML 语句的名为 HelloWorld.html 的文件：

```
<HTML>
<TITLE>HelloWorld! Applet</TITLE>
<APPLET CODE="HelloWorld.class" //这里应该是 HelloWorld.class WIDTH=200 HEIGHT=100>
</APPLET> </HTML>
```

本例中，<APPLET>语句指明该 Applet 字节码类文件名和以像素为单位的窗口的尺寸。虽然这里 HTML 文件使用的文件名为 HelloWorld.HTML，它对应于 HelloWorld.java 的名字，但这种对应关系不是必需的，可以用其他的任何名字(比如说 MyJava.HTML)命名该 HTML 文件。但是使文件名保持一种对应关系可给文件的管理带来方便。

(5) 执行 HelloWorld.html。如果用 appletviewer 运行 HelloWorld.html，需输入如下命令行：

C:\ MyJava\>appletviewer HelloWorld.html<ENTER>

可以看出，该命令启动了 appletviewer 并指明了 HTML 文件，该 HTML 文件中包含了对应于 HelloWorld 的<APPLET>语句。如果用浏览器运行 HelloWorld Applet，需在浏览器的地址栏中输入 HTML 文件的 URL 地址。

至此，一个 Applet 程序的开发运行整个过程结束(包括 java 源文件、编译的 class 文件、html 文件以及用 appletviewer 或用浏览器运行)。

习 题

1. 使用记事本编写一个 Java 程序，在屏幕上显示“这是我的第一个 Java 程序！”，并编译运行分析结果。

2. 使用 Eclipse 编写一个 Java 程序，在屏幕上显示“这是我的第一个 Java 程序！”，并编译运行分析结果。

第 2 章　Java 的基本语法(上)

本章要点

✓ 代码编写规则(分隔符、注释)
✓ 标识符的作用
✓ 变量和常量
✓ 数据类型
✓ 类型转换

2.1　代码编写规则

应用编码规范对于软件本身和软件开发人员而言尤为重要，有以下几个原因：

(1) 好的编码规范可以尽可能地减少一个软件的维护成本，并且几乎没有任何一个软件在其整个生命周期中均由最初的开发人员来维护；

(2) 好的编码规范可以改善软件的可读性，可以让开发人员尽快而彻底地理解新的代码；

(3) 好的编码规范可以最大限度地提高团队开发的效率；

(4) 长期的规范性编码可以让开发人员养成好的编码习惯，甚至锻炼出更加严谨的思维。

2.1.1　代码编写规则

Java 的代码编写规则与 C 语言类似，Java 的分隔符包括分号“;”、逗号“,”、空格“ ”、圆点“.”、花括号“{}”，具体使用规则如下：

(1) 一条语句以分号结束；

(2) 块(block)指包含在一对大括号{}里的部分，在定义类、方法或在控制语句中使用；

(3) 在编写 Java 代码时，关键字与关键字间如果有多个空格，这些空格均被视作一个。

在 Java 中，语句 public static void main(String[] args) { … }和语句 static public void main(String [] args) { … }等价。行空格没有任何意义。例如：

```
public class HelloWorld{
    public static void main(String [] args){
        System.out.println("大家好，才是真的好！");
```

```
        }
    }
```

但若真如此编写，程序就会变得难以阅读。下面的代码书写方式便于理解、阅读，这是一种良好的编程习惯。

```
public class HelloWorld {
        public static void main(String[] args) {
            System.out.println("大家好，才是真的好！");
        }
}
```

2.1.2　注释

如果我们编写的代码有数百行乃至数千行，别人要想读懂它，恐怕要花很多的时间，甚至可能比编写代码花费更多的时间。此时在关键的或难以理解的代码处加上注释就显得尤为重要了。在程序编译时，注释会被忽略，但是它的存在会帮助程序员更好地理解所编写的代码，这就是注释的意义所在。一般比例为注释占 30%，代码占 70%。

1. 三种注释方式

注释是程序中的说明文字，便于程序的阅读。注释不是 Java 的语句，不会影响程序的功能和运行，一个 Java 程序中可以有多条注释。Java 程序的注释有以下 3 种形式：

(1) 单行注释。以“//”开始到本行结束的内容都是单行注释。例如：

```
//这是单行注释
```

(2) 块注释。在“/*”和“*/”之间的所有内容都是块注释。例如：

```
/* 这是块注释*/
```

(3) 文档注释。在“/* * *”和“*/”之间的所有内容都是文档注释。可以通过 JDK 提供的工具 javadoc 提取程序的文档注释，产生程序的 HTML 文档。例如：

```
/*
*这是文档注释*/
```

注意：注释不能相互嵌套！

```
/**
 * @author   Java
 */
public class Class1 {
    /**
     * 在 main 方法中使用的显示用字符串
     * @see #main(java.lang.String[])
     */
    static String SDisplay;
    /**
     * 显示 JavaDoc
     * @param args 从命令行中带入的字符串
```

```
        *@return 无
        */
      public static void main(String args[]) {
            SDisplay = "Hello Java Word！ ";
            System.out.println(SDisplay);
      }
}
```

文档注释是 Java 特有的。JDK 中提供了一个文档自动生成工具 javadoc, javadoc 注释可以用于生成 API 文档，在自定义类中 public 的成员前以/**…*/形式加入的注释内容均可被自动提取到生成的说明文档中。

用法：

```
javadoc [ options ] [ packagenames ] [ sourcefiles ] [ @files ]
```

例如，Class1 的命令：javadoc Class1.java。

从 javadoc 注释中生成 API 文档时，主要从以下几项内容中提取信息：

(1) javadoc 只处理源文件在类/接口、方法、域、构造器之前的注释，而忽略其他地方的注释。

(2) 通常在 javadoc 注释中加入一个以“@”开头的标记，结合 javadoc 指令的参数，可以在生成的 API 文档中产生特定的标记。常用的 javadoc 标记如表 2-1 所示。

表 2-1　常用 javadoc 标记

注释名称	描 述 内 容
@author	作者
@version	版本
@docroot	表示产生文档的根路径
@deprecated	不推荐使用的方法
@param	方法的参数类型
@return	方法的返回类型
@see	“参见”，用于指定参考的内容
@exception	抛出的异常
@throws	抛出的异常，和 exception 同义

2. 注释的对象

(1) Java 文件：必须写明版权信息以及该文件的创建时间和作者。

(2) 类：类的目的即类所完成的功能，以及该类创建的时间和作者名称。多人一次编辑或修改同一个类时，应在作者名称处出现多人的名称。

(3) 接口：在满足类注释的基础之上，接口注释应该包含设置接口的目的、它应如何被使用以及如何不被使用。在接口注释清楚的前提下对应的实现类可以不加注释。

(4) 方法注释：对于设置(Set 方法)与获取(Get 方法)成员的方法，在成员变量已有说明的情况下，可以不加注释；对于普通成员方法，要求说明需完成的功能、参数含义及返回值。另外，必须明确注释方法的创建时间，以便于维护和阅读。

(5) 方法内部注释：用于说明控制结构、代码执行内容及目的、处理顺序等。特别是复杂的逻辑处理部分，要尽可能给出详细的注释。

2.2 标识符的作用

标识符是指程序中包、类、接口、变量或方法的名字。例如：

```
package com.Java; //包
/**
 * @author Java
 */
public class HelloWorld { // 类
    public void sayHello() { // 方法
        int a = 10; // 变量
        int 数字; // 变量
        System.out.println("大家好，才是真的好！");
    }
}
```

上面的程序中，HelloWorld、sayHello、a 和数字都是标识符。

2.2.1 标识符的命名

命名标识符时，应该遵从以下几个原则：

(1) 字母区别大小写，Java 对字母大小写是敏感的，标识符也不例外。标识符的长度不受限制。

(2) 标识符的首字符必须是字母、下划线、美元符($)开头，后跟字母、下划线、美元符或数字，不能以数字开头。

(3) 不能使用 Java 关键字，例如 public、void、static、class 等。标识符的命名如表 2-2 所示。

表 2-2 标识符的命名

合法标识符	非法标识符
TeSt	Hello World
A1	1A
_boolean	Boolean
A$C	A@Ca#
变量	String

2.2.2 保留字/关键字

Java 中一些被赋予特定的含义并且有专门用途的单词称为关键字(keyword)。所有 Java 关键字都是小写的，如表 2-3 所示。TURE、FALSE、NULL 等都不是 Java 关键字。goto

和 const 虽然从未被使用，但也作为 Java 关键字保留。

表 2-3　Java 关键字

abstract	assert	boolean	break	byte	continue
case	catch	char	class	const	double
default	do	extends	else	final	float
for	goto	long	if	implements	import
native	new	null	instanceof	int	interface
package	private	protected	public	return	short
static	strictfp	super	switch	synchronized	this
while	void	throw	throws	transient	try
volatile					

2.3　变量和常量

程序的运行离不开数据，其中有些数据在程序的运行过程中会发生改变，这样的数据叫做变量；而有些数据则不会发生改变，这样的数据叫做常量。

变量用标识符来命名。如：

```
abc = 10;
```

这条语句是把 10 赋给变量 abc。其中，abc 是变量，10 是常量。

```
boo = true;
```

在此语句中，boo 是变量，true 是常量。

注意：变量、常量、方法、类的命名变量和方法均以小写字母开头，类名以大写字母开头。

2.3.1　变量

变量代表程序的状态。程序通过改变变量的值来改变整个程序的状态，进而改变实现程序的功能逻辑。

为了便于引用变量的值，在程序中需要为变量设定一个名称，这就是变量名。例如在 2D 游戏程序中，表示人物的位置需要 2 个变量，一个代表 x 坐标，另一个代表 y 坐标，在程序运行过程中，这两个变量的值会发生改变。

由于 Java 语言是一种强类型的语言，所以变量在使用之前必须事先声明。在程序中声明变量的语法格式如下：

```
数据类型  变量名称;
```

例如：

```
int x;
```

在该语法格式中，数据类型可以是 Java 语言中的任意类型，包括基本数据类型和引用数据类型。变量名称是该变量的标识符，需要符合标识符的命名规则，在实际应用中，该名称一般根据其用途命名，这样便于程序的阅读。数据类型和变量名称之间使用空格进行间隔，语句使用“;”作为结束。可以在声明变量的同时为变量赋值，语法格式如下：

　　数据类型　变量名称 = 值;

例如：

```
int x = 10;
```

在该语法格式中，一般要求值的类型和声明变量的数据类型一致。

可以一次声明多个类型相同的变量，语法格式如下：

　　数据类型　变量名称 1, 变量名称 2, …, 变量名称 n;

例如：

```
int x, y, z;
```

在该语法格式中，变量名之间使用“,”分隔，这里的变量名称可以有任意多个。

也可以在声明多个变量时对变量进行赋值，语法格式如下：

　　数据类型 变量名称 1 = 值 1，变量名称 2 = 值 2，…, 变量名称 n = 值 n;

例如：

```
int x = 10, y = 20, z = 40;
```

或者有选择地进行赋值，例如：

```
int x, y=10, z;
```

以上语法格式中，如果同时声明多个变量，则要求这些变量的类型必须相同，否则就只能分开声明。例如：

```
int n = 3;
boolean b = true;
char c;
```

在程序中可以通过变量名称来引用变量中存储的值，也可以为变量重新赋值。例如：

```
int n = 5;
n = 10;
```

在实际开发过程中，需要声明什么类型的变量、需要声明多少个变量、需要为变量赋什么数值，都取决于程序逻辑，这里只列举声明格式。

变量用于存储信息。一个变量代表一个特殊类型的存储位置，它指向内存的某个单元，而且指明此内存有多大。变量的值可以是基本类型，也可以是引用类型。

如下程序显示了如何声明整数、浮点、boolean、字符和 String 类型变量及为其赋值。

```
/**
 * @author Java
 */
public class TestAssign {
    public static void main(String args[]) {
        int a, b;                // 声明 int 型变量 a,b
        float f = 5.89f;         // 声明并赋值一个 float 型变量
        double d = 2.78d;        // 声明并赋值一个 double 型变量
        boolean b = true;        // 声明并赋值一个 boolean 型变量
        char c;                  // 声明一个 char 型变量
        String str;              // 声明一个 String 型变量
```

```
            String str1 = "good";   // 声明并初始化 string 型变量
            c = 'A';                // 给 char 型变量赋值
            str = "hello ,hello";   // 给一个 string 型变量赋值
            a = 8;
            b = 800;                // 给一个 int 型变量赋值
        }
    }
```

每个变量都有特定的作用范围，也叫做有效范围或作用域，只能在允许的范围内使用变量，否则会编译错误。通常情况下，在一个作用范围内，不能声明名称相同的变量。

变量的作用范围是从变量声明的位置开始，一直到变量声明所在的语句块结束的大括号为止。例如：

```
1 {
2     {
3         int a = 10;
4         a = 2;
5     }
6     char c;
7 }
```

在上述代码中，变量 a 的作用范围即第 3～5 行，变量 c 的作用范围即第 6～7 行。

2.3.2　常量

常量代表程序运行过程中不可改变的值。常量在程序运行过程中主要有 2 个作用：代表常数，便于程序的修改；增强程序的可读性。

常量的语法格式和变量的语法格式相比，只需要在变量的语法格式前面添加关键字 final 即可。在 Java 编码规范中，要求常量名必须大写。常量的语法格式如下：

```
final  数据类型 常量名称 = 值;
```

例如：

```
final double PI = 3.14;
```

或者：

```
final 数据类型  常量名称 1=值 1,常量名称 2=值 2,…,常量名称 n=值 n;
```

例如：

```
final char MALE = 'M', FEMALE = 'F';
```

在 Java 语法中，常量也可以先声明，然后再进行赋值，但是只能赋值一次。例如：

```
final int UP;
UP = 1;
```

常量的两种用途对应的示例代码分别如下：

(1) 代表常数：

```
final double PI = 3.14;
int r = 5;
```

```
double l = 2 * PI * r;
double s = PI * r * r;
```

在该示例代码中，常量 PI 代表数学中的圆周率 π 值，这是数学上的常数，变量 r 代表半径，l 代表圆的周长，s 代表圆的面积。

如果需要增加程序计算时的精度，则只需要修改 PI 的值 3.14 为 3.1415926，重新编译程序，后续的数值将自动发生改变，这样使代码容易修改，便于维护。

(2) 增强程序的可读性：

```
int direction;
final int UP = 1;
final int DOWN = 2;
final int LEFT = 3;
final int RIGHT = 4;
```

在该示例代码中，变量 direction 代表方向的值，后续的四个常量 UP、DOWN、LEFT 和 RIGHT 分别代表上、下、左和右，其数值分别是 1、2、3 和 4，这样可以提高程序的可读性。

常量的作用范围和变量的作用范围规则完全一致。

2.4 数 据 类 型

Java 是一种强类型语言，这意味着必须为每一个变量声明一种类型。Java 中的数据类型分为简单类型和引用类型两种。

2.4.1 简单类型

Java 中一共有 8 种简单数据类型，其中包括：4 种整数型，即字节型(byte)、短整型(short)、整型(int)和长整型(long)；2 种浮点型，即单浮点型(float)和双精度浮点型(double)；字符型(char)；以及用来表示真/假值的布尔型(boolean)。

可以直接定义并使用数据类型，也可以通过构造数组或类的类型来使用它们，数据类型是创建所有引用类型的基础。

1. 整数型

整数型用于表示没有小数部分的数值，这些数值都是有符号的值，即正数或负数。Java 中定义了四种整数型：字节型(byte)、短整型(short)、整型(int)和长整型(long)。这些整数型变量的长度和变化范围如表 2-4 所示。

表 2-4　整数型变量的长度和变化范围

名　称	长度/位	数 的 范 围
字节型(byte)	8	−128～127
短整型(short)	16	−32 768～32 767
整型(int)	32	−2 147 483 648～2 147 483 647
长整型(long)	64	−9 223 372 036 854 775 808～9 223 372 036 854 775 807

通常情况下，int 型是非常有用的，但当表示的数量较大时，如表示全球人口时，就需要使用 long 型了。而 byte 和 short 型数据主要应用于特定的场合，如文件处理以及需要控制占用存储空间量的大数组等。

在 Java 中，整数型的范围与运行 Java 代码的机器无关，这也很好地解决了软件从一个平台移植到另外一个平台，或者在同一个平台的不同的操作系统之间进行移植给程序员带来的种种麻烦。

整数型数据被默认为 int 型。整数型数据后面紧跟着一个字母“L”，可以强制它为 long 型。

2. 浮点型

浮点型数，也就是通常所说的实数(real)，用于对计算的表达式有精度要求的场合，如计算平方根；或者超出人类经验的一些计算，其计算结果的精度要求使用浮点型。浮点型分为两种：单精度(float)及双精度(double)，它们的长度和变化范围如表 2-5 所示。

表 2-5　浮点型变量的长度和变化范围

名　称	长度	数 的 范 围
单精度浮点型(float)	32	3.4e−38～3.4e+38
双精度浮点型(double)	64	1.7e−308～1.7e+308

double 型的数值精度是 float 型的两倍，所以称之为双精度。绝大部分应用程序都使用 double 型，并且在很多情况下，float 型很难满足需求。例如，用七位有效数值足以精确并表示一个普通雇员的年薪，但若表示公司的薪酬总额就不够了。实际上，只有很少的情况才适合使用 float 型。

float 型的数值有一个后缀 F(或 f)，没有后缀 F 的浮点数值默认为 double 型，当然也可以在浮点型数值后面添加后缀 D(或 d)。

3. 字符型

字符型(char)是 Java 中用来存储字符的数据类型。在 C/C++ 中 char 是 8 位整数，而在 Java 中 char 是 16 位， 这是因为 Java 采用了 Unicode 码。Unicode 码定义的国际化字符集能表示迄今为止的人类的所有字符集，它是几十个字符集的统一，故在 Java 中 char 型为 16 位，范围为 0～65 536，且 char 不能表示负数。

下列程序说明了字符型的用法：

```
/**
* @author Java
  */
public class CharDemo {
      public static void main(String[] args) {
            char ch1, ch2;
            ch1 = 88;// X 的编码
            ch2 = 'y';
            System.out.print("ch1 and ch2:");
```

```
            System.out.println(ch1 + " " + ch2);
        }
    }
```

该程序的输出结果如下：

```
    ch1 and ch2:X y
```

注意：变量 ch1 被赋值为 88，它是 ASCII 码(Unicode 码也是一样的)，用来代表字符 X 的值。

4. 布尔型

布尔型(boolean)是 Java 中用来表示逻辑值的简单类型。布尔型的数值只能是真(true)或假(false)二者中的一个，且这两个值不能与整型(int)数相互转换。下列程序说明了布尔型的用法：

```
/**
 * @author Java
 */
public class BooleanDemo {
    public static void main(String[] args) {
        boolean b;
        b = true;
        System.out.println("b is " + b);
        b = false;
        System.out.println("b is " + b);
        if (b) {
            System.out.println("this is executed");
        } else {
            System.out.println("this is not executed");
        }
        System.out.println("1+1>3 is " + (1 + 1 > 3));
    }
}
```

本程序的运行结果如下：

```
b is true
b is false
this is not executed
1+1>3 is false
```

关于本段程序有三处需要注意：(1) 当使用方法 println()直接输出布尔值时，显示的是“true”和“false”；(2) 布尔型变量本身就足以控制 if 语句，无需写成 if(b==true)；(3) 关系运算符(例如当前使用的>)的结果就是布尔值。

2.4.2　引用类型

在早期的编程语言中，每个变量被视为相互无关的实体。例如，如果一个程序需处理某个日期，则需处理声明三个单独的整数：

```
int day, month, year;
```

上述语句执行了两个任务：一是当程序需要日、月或年的有关信息时，它将对一个整数进行操作；二是为该整数分配存储器。

尽管这种做法很容易理解，但它存在两个很明显的缺陷：

(1) 如果程序需要同时记录若干个日期，则需要三个不同的声明。例如，若要记录两个生日，则可能使用如下代码：

```
int myBirthDay, myBirthMonth, myBirthYear;
int yourBirthDay, yourBirthMonth, yourBirthYear;
```

这种方法会引起混乱，因为需要定义许多变量。

(2) 这种方法忽视了日、月和年之间的联系，而把每个变量都作为一个独立的值。

1. 引用类型的概念

引用类型是指由类型的实际值引用(类似于指针)表示的数据类型。如果为某个变量分配一个引用类型，则该变量将引用(或“指向”)原始值，不创建任何副本。Java 语言中除 8 种基本数据类型以外的数据类型称为引用数据类型，其主要包括对象、接口和数组。

Java 中引用类型的变量近似于 C/C++的指针，引用类型的数据均以对象的形式存在；引用类型变量的值是某个对象的句柄，而不是对象本身。声明引用类型的变量时，系统只为该变量分配引用空间，并未创建一个具体的对象。

2. 创建一个引用类型

当任何原始类型(如 boolean、byte、short、char、int、long、loat 或 double 型) 的变量被声明时，作为上述操作的一部分，存储器空间也同时被分配。

在使用引用类型的变量之前，必须为其分配实际存储空间。例如：

```
MyDate myBirth;
myBirth = new MyDate();
```

第一条语句仅为引用分配了空间，而第二条语句则通过调用对象的构造函数 MyDate() 为对象生成了一个实例。执行完这两条语句后，就可通过 myBirth 访问 MyDate 对象的内容了。

还可以用如下语句创建并初始化一个对象，也就是一个引用类型的变量：

```
MyDate myBirth = new MyDate(27, 1, 1964);
```

3. 为引用类型对象赋值

引用类型的变量都是被类声明的，这对赋值具有重要的意义。例如：

```
int x = 7;
int y = x;
String s = "Hello";
String t = s;
```

上述代码中创建了四个变量：两个原始类型 int 和两个引用类型 String。x 的值是 7，并被赋值给 y。x 和 y 是两个独立的变量，其中任何一个发生变化都不会对另外一个产生影响。

对于变量 s 和 t，只存在一个 String 对象，即“Hello”，s 和 t 均引用这个单一的对象。现在为变量 t 重新赋值，如 t = "World"，则新的对象被创建，此时 t 不再引用“Hello”这个 String 对象，而是引用了“World”。上述过程如图 2-1 所示。

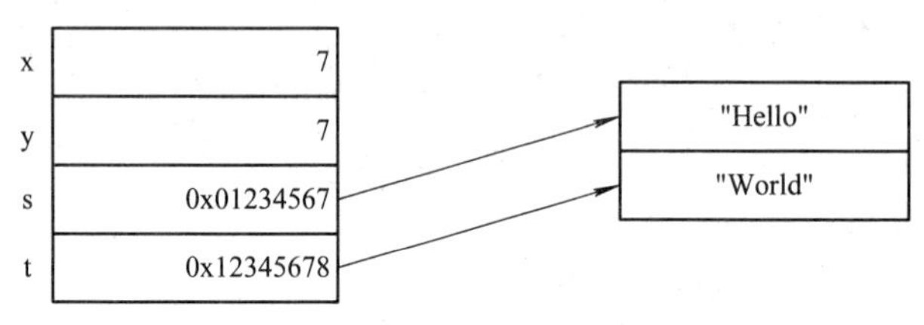

图 2-1　引用类型变量赋值

2.5 类 型 转 换

Java 语言是一种强类型的语言。强类型的语言应满足以下几点要求：

(1) 在声明变量或常量时必须声明类型，而且只有在声明以后才能使用；

(2) 赋值时类型必须一致，值的类型必须和变量或常量的类型一致；

(3) 运算时类型必须一致，参与运算的数据类型必须一致才能运算。

但是在实际的使用中，经常需要在不同类型的值之间进行操作，这就需要一种新的语法来适应这种需要，这个语法就是数据类型转换。

在数值处理环节，对于现实来说，1 和 1.0 没有什么区别；但是对于计算机来说，1 是整数类型，而 1.0 是浮点类型，两者在内存中的存储方式以及占用的空间都不一样，所以在计算机内部必须进行数据的类型转换。Java 语言中的数据类型转换有两种：

(1) 自动类型转换：编译器自动完成类型转换，不需要在程序中编写代码；

(2) 强制类型转换：强制编译器进行类型转换，必须在程序中编写代码。

由于基本数据类型中 boolean 型不是数值型，所以基本数据类型的转换是除了 boolean 型以外其他 7 种类型之间的转换。下面具体介绍两种数据类型转换的规则、适用场合以及使用时需要注意的问题。

2.5.1 自动类型转换

自动类型转换也称隐式类型转换，是指不需要书写代码，由系统自动完成的类型转换。由于实际开发中这样的类型转换很多，所以在设计 Java 语言时，没有为该操作设计语法，而由 JVM 自动完成。

转换规则：从存储范围小的类型转换到存储范围大的类型。具体表现为：byte→short(char)→int→long→float→double，也就是说 byte 类型的变量可以自动转换为 short 类型。例如：

```
byte　b = 10;
```

```
short   sh = b;
```

可以看到，在赋值时，JVM 首先将 b 的值转换为 short 型，然后再赋值给 sh。

在类型转换时可以跳跃。例如：

```
byte   b1 = 100;
int   n = b1;
```

注意：在整数之间进行类型转换时，数值不发生改变；而将整数型，特别是比较大的整数型转换成浮点型时，由于存储方式不同，有可能存在数据精度的损失。

2.5.2　强制类型转换

强制类型转换也称显式类型转换，是指必须书写代码才能完成的类型转换。该类型转换很可能存在精度的损失。

转换规则：从存储范围大的类型转换到存储范围小的类型。具体表现为：double→float→long→int→short(char)→byte。例如：

```
double d = 3.10;
int n = (int) d;
```

这里将 double 类型的变量 d 强制转换成 int 类型，然后赋值给变量 n。需要说明的是，小数强制转换为整数时采用的是“去 1 法”，也就是无条件舍弃小数点后的所有数字，则以上转换出的结果是 3。整数强制转换为整数时取数字的低位，如 int 型的变量转换为 byte 型时，只取 int 型的低 8 位(也就是最后一个字节)的值。例如：

```
int n = 123;
byte b = (byte) n;
int m = 1234;
byte b1 = (byte) m;
```

可以看出，b 的值还是 123，而 b1 的值为−46。b1 的计算方法如下：m 的值转换为二进制数值 10011010010，取该数值低 8 位的数值作为 b1 的值，则 b1 的二进制数值是 11010010。最高位是符号位，1 代表负数，在计算机中负数存储的是补码，则该负数的原码是 10101110，对应十进制的−46。

注意：强制类型转换通常都会造成存储精度的损失，所以需慎重使用。

2.5.3　几种特殊类型的转换

1. 包装类的过渡转换

在我们讨论其他变量类型之间的相互转换时，需要了解一下 Java 的包装类。所谓包装类，就是可以直接将简单类型的变量表示为一个类。在执行变量类型的相互转换时，我们会大量使用包装类。Java 共有六个包装类，即 Boolean、Character、Integer、Long、Float 和 Double，分别对应于 boolean、char、int、long、float 和 double，因为 String 和 Date 本身就是类，所以也就不存在包装类的概念了。

在进行简单数据类型之间的转换(自动转换或强制转换)时，可以利用包装类进行中间过渡。一般情况下，先声明一个变量，再生成一个对应的包装类，即可利用包装类的各种

方法进行类型转换。

例如，float 型转换为 double 型时的代码如下：

```
float f1 = 100.00f;
Float F1 = new Float(f1);
// F1.doubleValue()为 Float 类的返回 double 值型的方法
Double d1 = F1.doubleValue();
```

double 型转换为 int 型时的代码如下：

```
double d1 = 100.00;
Double D1 = new Double(d1);
int i1 = D1.intValue();
```

int 型转换为 double 型时，自动转换的代码如下：

```
int i1 = 200;
double d1 = i1;
```

将简单类型的变量转换为相应的包装类对象，可以利用包装类的构造函数，即 Boolean(boolean value)、Character(char value)、Integer(int value)、Long(long value)、Float(float value)、Double(double value)。

在各个包装类中，总有形为××Value()的方法，用来得到其对应的简单类型数据。利用这种方法，也可以实现不同数值型变量间的转换。例如，对于一个双精度实型类，intValue()可以得到其对应的整型变量，而 doubleValue()可以得到其对应的双精度实型变量。

2. 字符串型与其他数据类型的转换

通过查阅类库中各个类提供的成员方法，可以看到几乎从 java.lang.Object 类派生的所有类都提供了 toString()方法，即将该类转换为字符串。例如：Characrer、Integer、Float、Double、Boolean、Short 等类的 toString()方法用于将字符、整数、浮点数、双精度数、逻辑数、短整型等类转换为字符串。代码如下：

```
int i1 = 10;
float f1 = 3.14f;
double d1 = 3.1415926;
Integer I1 = new Integer(i1);          // 生成 Integer 类
Float F1 = new Float(f1);              // 生成 Float 类
Double D1 = new Double(d1);            // 生成 Double 类
// 分别调用包装类的 toString()方法将 I1 转换为字符串
String si1 = I1.toString();
String sf1 = F1.toString();
String sd1 = D1.toString();
System.out.println("si1" + si1);
System.out.println("sf1" + sf1);
System.out.println("sd1" + sd1);
```

3. 字符型作为数值转换为其他数据类型

将字符型变量转换为数值型变量实际上有两种对应关系，前面讲述的自动类型转换，实际上是将其转换成对应的 ASCII 码。此外还有另一种转换关系，例如，'1'指的是数值 1，而不是其 ASCII 码，对于这种转换，我们可以使用 Character 的 getNumericValue(char ch)方法。

4. Date 类与其他数据类型的相互转换

整型和 Date 类之间并不存在直接的对应关系，因为使用 int 型可以分别表示年、月、日、时、分、秒，所以在两者之间建立了一种转换关系，在进行转换时，可以使用 Date 类构造函数的三种形式。例如：

```
// 以 int 型表示年、月、日
Date(int year, int month, int date);
// 以 int 型表示年、月、日、时、分
Date(int year, int month, int date, int hrs, int min);
// 以 int 型表示年、月、日、时、分、秒
Date(int year, int month, int date, int hrs, int min, int sec);
```

在长整型和 Date 类之间有一种很有趣的对应关系，就是将一个时间表示为距离格林尼治标准时间 1970 年 1 月 1 日 0 时 0 分 0 秒的毫秒数。这是由 Date 类通过其相应的构造函数 Date(long date)来实现的。

通过使用 Date 类的 getYear()、getMonth()、getDate()、getHours()、getMinutes()、getSeconds()、getDay()方法，可以获取 Date 类中的年、月、日、时、分、秒以及星期；也可以理解为将 Date 类转换成 int。

Date 类的 getTime()方法可以得到一个与时间对应的长整型数，与包装类一样，Date 类也有一个 toString()方法可以将其转换为 String 类。

有时我们希望得到 Date 的特定格式，如 20020324，则可以使用以下方法先在文件开始引入所需的包：

```
import java.text.SimpleDateFormat;
import java.util.Date;
/**
 * @author Java
 */
public class FormatDataDemo {
        public static void main(String[] args) {
                Date date = new Date();
                // 如果希望得到 YYYYMMDD 的格式
                SimpleDateFormat sy1 = new SimpleDateFormat("yyyyMMDD");
                String dateFormat = sy1.format(date);
                // 如果希望分别得到年，月，日
                SimpleDateFormat sy = new SimpleDateFormat("yyyy");
```

```
                SimpleDateFormat sm = new SimpleDateFormat("MM");
                SimpleDateFormat sd = new SimpleDateFormat("dd");
                String syear = sy.format(date);
                String smon = sm.format(date);
                String sday = sd.format(date);
        }
}
```

习　　题

1. 列举 Java 的几种注释方式。
2. Java 中的数据类型转换有哪几种？
3. Java 中有哪两种数据类型？其中基本数据类型包括哪几种？

第 3 章　Java 的基本语法(下)

本章要点

- ✓ if 语句
- ✓ switch-case 语句
- ✓ for 语句
- ✓ while 语句

编程语言使用控制(control)语句来产生执行流，从而完成程序状态的改变，如程序顺序执行和分支执行。Java 的程序控制语句可分为选择语句、重复语句和跳转语句。根据表达式或变量状态，选择(Selection)语句又可为程序选择不同的执行路径，如 if 语句。重复(Iteration)语句可使程序重复执行一条或一条以上语句(即用重复语句形成循环)，如 for 语句。跳转(Jump)语句可使程序以非线性的方式执行，如 continue 语句。Java 的控制语句有以下几种：

(1) 分支结构：简单 if 语句、标准 if-else 语句、多重 if 语句、嵌套 if 语句和 Switch 语句；

(2) 循环结构：while 语句、do-while 语句、for 语句；

(3) 跳转语句：break 语句、continue 语句和 return 语句。

下面将详细分析三种控制语句。

3.1　if　语　句

Java 语句中的 if 语句有：简单 if 语句、标准 if-else 语句、多重 if 语句和嵌套 if 语句。

3.1.1　简单 if 语句

简单 if 语句的条件结构是根据假设的条件判断之后再做出相应的处理的结构，语法如下：

```
if(条件){
    //语句块
}
```

语法解释：

(1) 条件是布尔表达式，结果为真或假；

(2) 语句块是当 if 条件为真时才执行。

if 语句执行流程图如图 3-1 所示。

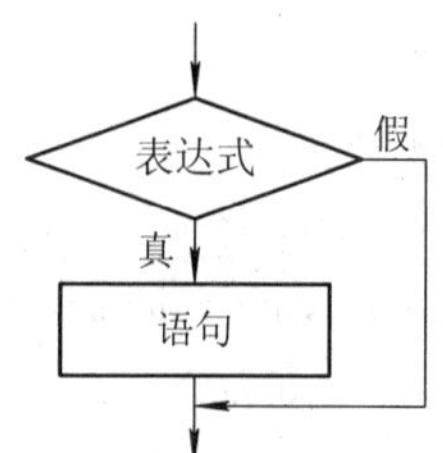

图 3-1　if 语句执行流程图

【例 3.1】如果小明的 Java 成绩大于 90 分，爸爸就奖励带他去港澳游。

```
if (小明 Java 成绩 > 90 ) {
    爸爸奖励小明港澳游;
}
import java.util.Scanner;
public class HelloJava2 {
    public static void main(String[ ] args) {
        Scanner input = new Scanner(System.in);
        System.out.print("输入小明的 Java 成绩: ");
        int score = input.nextInt();        //小明的 Java 成绩
        if ( score > 90 ) { //判断是否大于 90 分
          System.out.println("爸爸说:不错，放假时带你去港澳游！ ");
        }
    }
}
```

说明：只有输入小明的 Java 成绩大于 90 分，才输出“爸爸说：不错，放假时带你去港澳游！”的结果。

3.1.2　标准 if-else 语句

标准 if-else 语句是最常用的分支结构，语法如下：

```
if (条件) {
        //语句 1
 }else {
       //语句 2
}
```

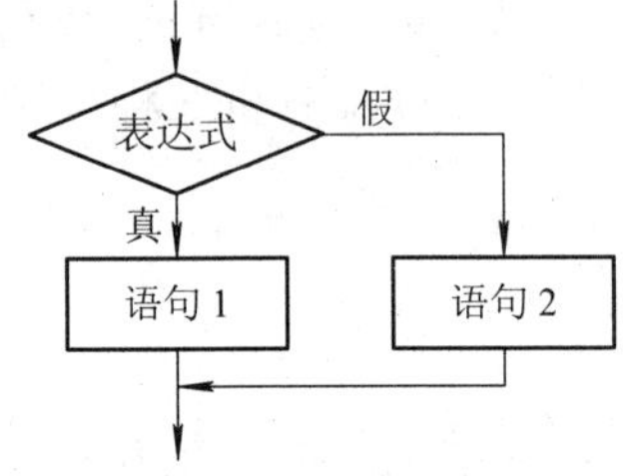

图 3-2　if-else 语句执行流程图

语法解释：

(1) 条件是布尔表达式，结果为真或假；

(2) 当条件为真时执行 if 语句块的语句 1 部分；当条件为假时执行 else 语句块的语句 2 部分。

if-else 语句执行流程图如图 3-2 所示。

【例 3.2】 要求用户输入两个数 a、b，如果 a 能被 b 整除或 a 加 b 大于 1000，则输出 a，否则输出 b。

```
import java.util.*;
public class GetNum {
    public static void main(String[] args) {
        Scanner input = new Scanner(System.in);
        System.out.print("请输入 a：  ");
        int a = input.nextInt();
        System.out.print("请输入 b：  ");
```

```
            int b = input.nextInt();
            if ((a % b == 0) || (a + b > 100)) {
                System.out.println(a);
            } else {
                System.out.println(b);
            }
        }
    }
```

又如：

```
int a = 1;
int b = 2;
if (a < b) {
    a = 0;
} else {
    b = 0;
}
```

可见，如果 a<b，那么 a 被赋值为 0；否则 b 赋值为 0。任何情况下都不可能是 a 和 b 都被赋值。

用于控制 if 语句的条件表达式可以包含关系运算符，也可以仅用一个布尔值，如下列程序段：

```
boolean   dateCheck;          //dateCheck 初始值默认为 false
if(dateCheck) {
    ProcessData();            //如果 if 中的条件成立则调用 PorcessData()
} else {
        waitFormDate();       //在 else 语句中调用 waitFormDate()方法
}
```

注意：直接跟在 if 或 else 语句后的语句只能有一句，若想包含更多的语句，则需建立一个程序块。

```
int byteAvailable;
if(byteAvailable > 0){
    ProcessData();
    System.out.println("My name is Sudehua");
} else {
    System.out.println("I come form Heilongjiang");
}
```

可见，如果变量 byteAvailable 大于 0，则 if 内的所有语句都会被执行。

一些程序员习惯于使用 if 语句时在 if 后加一对大括号，甚至在只有一条语句的情况下也使用大括号。这使得在日后添加语句时更为方便，并且不会担心忘记括号。事实上，当需要定义块时却未对其进行定义是一个导致错误的普遍原因。例如：

```
int byteAvailable;
if (byteAvailable > 0) {
    ProcessData();
    byteAvailable = 2;
} else
    waitFormData();
    byteAvailable = 3;
```

从格式上来，看 byteAvailable=3 语句应在 else 子句中被执行，然而当调用时，空行或者空格对 Java 无关紧要，这段程序会通过编译，但运行时却会出错。上面的程序应做如下修改：

```
int byteAvailable;
if (byteAvailable > 0) {
    ProcessData();
    byteAvailable = 2;
} else {
    waitFormData();
    byteAvailable = 3;
}
```

3.1.3　多重 if 语句

多重 if 语句的结构就是在 else 部分中还包含其他 if 块，其结构是 if-else-if 格式，语法如下：

```
if (条件 1) {
    //语句 1
 } else if (条件 2) {
    //语句 2
 }else {
    //语句 3
 }
```

语法解释：

(1) 条件 1 和条件 2 都是布尔表达式，结果为真或假；

(2) else-if 可以有多个，最后的 else 部分可以省略；

(3) 当条件 1 为真时，执行 if 语句块的语句 1 部分；当条件 1 为假时，判断 else-if 块的条件 2 如果为真就执行 else-if 语句块的语句 2 部分，否则执行 else-if 语句块的语句 3 部分。

多重 if 语句执行流程图如图 3-3 所示。

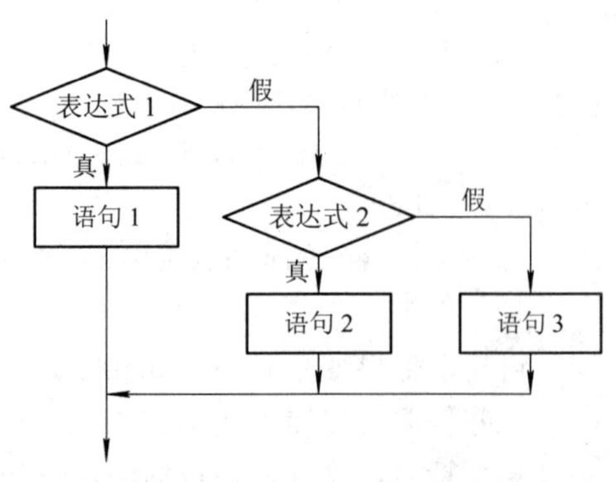

图 3-3　多重 if 语句执行流程图

【例 3.3】 对学生期末考试成绩评测如下：成绩≥90 表示优秀；成绩≥80 表示良好；成绩≥60 表示中等；成绩<60 表示差，要求使用多重 if 语句实现上述成绩评测情况。

```
public class HelloJava3 {
    public static void main(String[] args) {
        int score = 70; // 考试成绩
        if (score >= 90) { // 考试成绩>=90
            System.out.println("优秀");
        } else if (score >= 80) { // 90>考试成绩>=80
            System.out.println("良好");
        } else if (score >= 60) { // 80>考试成绩>=60
            System.out.println("中等");
        } else { // 考试成绩<60
            System.out.println("差");
        }
    }
}
```

3.1.4　嵌套 if 语句

嵌套 if 语句的结构就是在 if 部分中还包含其他 if 块或 if-else 块，其结构是 if-else-if 格式，语法如下：

```
if(表达式 1)
{
    if(表达式 2)
    {
        // 表达式 2 为真时执行…
    }
    else
    {
        // 表达式 2 为假时执行…
    }
}
else
{
            //表达式 1 为假时执行…
}
```

语法解释：

(1) 表达式 1 和表达式 2 都是布尔表达式，结果为真或假；

(2) if 可以嵌套多个 if 或者 if-else；

(3) 当表达式 1 为真时，判断表达式 2，如果表达式 2 为真就执行“// 表达式 2 为真时

执行……”的语句块；如果表达式 2 为假就执行“// 表达式 2 为真时执行……”的语句块。

【例 3.4】 根据机票预定：输出实际机票价格；原价为 4000 元，5～10 月为旺季，头等舱打 9 折，经济舱打 7.5 折；其他时间为淡季，头等舱打 6 折，经济舱打 3 折。

分析程序如下：需要判断两次，先判断是旺季还是淡季，再判断是头等舱还是经济舱。

```
package plan;
import java.util.Scanner;
public class HelloPlan {
    public static void main(String[] args) {
        Scanner input=new Scanner(System.in);
        int price = 4000;                          // 机票的原价
        System.out.println ("请输入您出行的月份：1-12");
        int month=input.nextInt();                 // 出行的月份
        System.out.println ("请问您选择头等舱还是经济舱？头等舱输入 1，经济舱输入 2");
        int type=input.nextInt();                  // 头等舱为 1，经济舱为 2
        if (month >= 5 && month <= 10)             // 旺季
        {
            if (type == 1)                         // 头等舱
            {
              System.out.println("您的机票价格为:"+price * 0.9);
            }
            else if (type == 2)                    // 经济舱
            {
              System.out.println ("您的机票价格为：{0}"+price * 0.75);
            }
        }
        else                                       // 淡季
        {
            if (type == 1)                         // 头等舱
            {
              System.out.println ("您的机票价格为：{0}"+price * 0.6);
            }
            else if (type == 2)                    // 经济舱
            {
              System.out.println ("您的机票价格为：{0}"+price * 0.3);
            }
        }
        System.out.println();
    }
}
```

程序输出结果如下：

```
请输入您出行的月份：1-12
6
请问您选择头等舱还是经济舱？头等舱输入1，经济舱输入2
1
您的机票价格为：3600.0
```

从上述程序可知，在 if 语句块中嵌入 if-else-if 语句块，用于判断当满足 if 语句块条件(旺季)时的两种情况(头等舱和经济舱)。

3.2　switch-case 语句

switch 语句是 Java 中的多路分支语句。它提供了一种基于一个表达式的值来使程序执行不同部分的简单方法。因此，它提供了一个比一系列 if-else-if 语句更好的选择。switch 语句的格式如下：

```
switch (expression) {
    case value1：
        break;
    case value2：
        break;
    //...
    case valueN：
        break;
    default：
        // 若没有一个 case 常量与表达式的值相匹配，则执行 default
}
```

表达式 expression 必须为 byte、short、int 或 char 型。每个 case 语句后的值 value 必须是与表达式类型兼容的一个特定常量(必须是一个常量，不能是变量)。重复的 case 值是不允许的。

switch 语句的执行过程如下：表达式的值与每个 case 语句中的常量作比较，如果满足条件，就执行该 case 语句后的语句；否则执行 default 语句。当然，default 语句是可选的。如果没有满足条件的 case 语句，也没有 default 语句，则程序什么也不执行。

case 语句序列中的 break 语句可使程序流从整个 switch 语句中退出。当遇到一个 break 语句时，程序将从整个 switch 语句后的第一行代码开始继续执行，即“跳出” switch 语句的作用。

下面是一个使用 switch 语句的简单例子：

```
/**
 * switch 的一个简单例子
```

```
 * @author Java
 */
public class SampleSwitch {
    public static void main(String args[]) {
        for (int i = 0; i < 6; i++) {
            switch (i) {
            case 0:
                System.out.println("i is zero.");
                break;
            case 1:
                System.out.println("i is one.");
                break;
            case 2:
                System.out.println("i is two.");
                break;
            case 3:
                System.out.println("i is three.");
                break;
            default:
                System.out.println("i is greater than 3.");
            }
        }
    }
}
```

该程序的输出如下：

```
i is zero.
i is one.
i is two.
i is three.
i is greater than 3.
i is greater than 3.
```

从中可以看出，每一次循环，与 i 值相匹配的 case 常量后的相关语句被执行，其他语句则被忽略。当 i 大于 3 时，没有可以匹配的 case 语句，因此执行 default 语句。break 语句是可选的。如果省略 break 语句，程序将继续执行下一个 case 语句。有时需在多个 case 语句之间设有 break 语句。例如：

```
/**
 * @author Java
 */
public class MissingBreak {
```

```
        public static void main(String args[]) {
            for (int i = 0; i < 12; i++) {
                switch (i) {
                case 0：
                case 1：
                case 2：
                case 3：
                case 4：
                    System.out.println("i is less than 5");
                    break;
                case 5：
                case 6：
                case 7：
                case 8：
                case 9：
                    System.out.println("i is less than 10");
                    break;
                default：
                    System.out.println("i is 10 or more");
                }
            }
        }
    }
```

程序的输出如下：

```
    i is less than 5
    i is less than 5
    i is less than 5
    i is less than 5
    i is less than 5
    i is less than 10
    i is less than 10
    i is less than 10
    i is less than 10
    i is less than 10
    i is 10 or more
    i is 10 or more
```

正如该程序所演示的那样，程序会一直执行，直到遇到 break 语句(或 switch 语句的末尾)为止。下面的程序对之前显示季节的程序进行了改进，运行将更加高效。

```
    /**
```

```
 * @author Java
 */
public class Switch {
    public static void main(String args[]) {
        int month = 4;
        String season;
        switch (month) {
        case 12：
        case 1：
        case 2：
            season = "Winter";
            break;
        case 3：
        case 4：
        case 5：
            season = "Spring";
            break;
        case 6：
        case 7：
        case 8：
            season = "Summer";
            break;
        case 9：
        case 10：
        case 11：
            season = "Autumn";
            break;
        default：
            season = "Bogus Month";
        }
        System.out.println("April is in the " + season + ".");
    }
}
```

上述程序中，将一个 switch 语句作为一个外部 switch 语句的语句序列的一部分，这称为嵌套 switch 语句。因为一个 switch 语句定义了自己的块，所以外部 switch 语句和内部 switch 语句的 case 常量不会产生冲突。例如，下面的程序段是完全正确的：

```
switch (count) {
case 1：
    switch (target) {
```

```
        case 0：
            System.out.println("target is zero");
            break;
        case 1：
            System.out.println("target is one");
            break;
        }
        break;
    case 2：  // ...
    }
```

本例中，内部 switch 语句中的 case 1 语句与外部 switch 语句中的 case 1 语句不冲突。变量 count 仅与外层的 case 语句相比较。如果变量 count 为 1，则变量 target 与内层的 case 语句相比较。概括来说，switch 语句有 3 个重要的特性：

(1) switch 语句不同于 if 语句的是 switch 语句仅能判断相等的情况，而 if 语句可计算任何类型的布尔表达式。也就是说，switch 语句只能在 case 常量间寻找与表达式的值相匹配的某个值。

(2) 同一个 switch 语句中没有两个相同的 case 常量。当然，外部 switch 语句中的 case 常量可以和内部 switch 语句中的 case 常量相同。

(3) switch 语句通常比一系列嵌套 if 语句更有效。当编译一个 switch 语句时，Java 编译器将检查每个 case 常量并且创造一个“跳转表”，这个表在表达式计算值的基础上选择执行路径。因此，如果要比较一组数值，switch 语句将比 if-else 语句快得多。这是因为对于编译器来说，case 常量都是同类型的，只需将其与 switch 表达式相比较看是否相等；但编译器却无法比较一系列的 if 表达式。

3.3　for 语 句

for 语句是一个功能强大且形式灵活的循环语句。for 语句的格式如下：

```
for(initialization; condition; iteration){
    // initialization 设定初始值
    //condition 循环的条件
    //只有一条语句需要重复时，不需要使用大括号
}
```

在执行 for 语句时，先执行其初始化部分。通常，这是设置循环控制变量值的一个表达式，作为控制循环的计数器。需要注意的是，初始化表达式仅被执行一次。接下来执行 condition 语句，它必须是布尔表达式。如果表达式为真，则执行循环体；如果为假，则循环终止。再下一步执行循环体的迭代部分，即进行计数器变量的自增或自减。然后再计算作为循环条件的布尔表达式，如此循环，直至布尔表达式计算结果为假。

下面是使用 for 循环的“tick”程序：

```
/**
 * @author Java
 */
public class ForTick {
    public static void main(String args[]) {
        int n;
        for (n = 10; n > 0; n--) {
            System.out.println("tick " + n);
        }
    }
}
```

3.3.1 break 语句

在 Java 中，break 语句有 3 种用法：(1) 在 switch 语句中，用来终止一个语句序列；(2) 用来退出一个循环；(3) 作为一种“先进”的 goto 语句来使用。下面对后两种用法进行介绍。

使用 break 语句可直接强行退出循环，忽略循环体中的任何其他语句和循环的条件判断，程序继续执行循环之后的语句。例如：

```
/**
 * @author Java
 */
public class BreakLoop {
    public static void main(String args[]) {
        for (int i = 0; i < 100; i++) {
            if (i == 10)
                break; // terminate loop if i is 10
            System.out.println("i：  " + i);
        }
        System.out.println("Loop complete.");
    }}
```

该程序的输出如下：

```
i： 0
i： 1
i： 2
i： 3
i： 4
i： 5
i： 6
i： 7
```

```
i：  8
i：  9
Loop complete.
```

可以看出，尽管 for 循环被设计为从 0 执行到 99，但是当 i=10 时，break 语句终止了程序。break 语句能用于任何 Java 循环中，包括人们有意设置的无限循环。例如，将上述程序用 while 循环改写如下：

```
/**
 * @author Java
 */
public class BreakLoop2 {
    public static void main(String args[]) {
        int i = 0;
        while (i < 100) {
            if (i == 10)
                break; // 如果 i 等于 10 跳出循环体
            System.out.println("i：  " + i);
            i++;
        }
        System.out.println("Loop complete.");
    }
}
```

该程序的输出和之前的输出一样。

在一系列嵌套循环中使用 break 语句时，仅仅终止该 break 语句所在的那层循环。例如：

```
/**
 * @author Java
 */
public class BreakLoop3 {
    public static void main(String args[]) {
        for (int i = 0; i < 3; i++) {
            System.out.print("Pass " + i + "：  ");
            for (int j = 0; j < 100; j++) {
                if (j == 10)
                    break; // 如果 j 等于 10 跳出循环体
                System.out.print(j + " ");
            }
            System.out.println();
        }
        System.out.println("Loops complete.");
    }
}
```

该程序的输出如下：

```
Pass 0:  0 1 2 3 4 5 6 7 8 9
Pass 1:  0 1 2 3 4 5 6 7 8 9
Pass 2:  0 1 2 3 4 5 6 7 8 9
Loops complete.
```

可以看出，内部循环中的 break 语句仅仅终止了该循环，外部的循环不受影响。需要注意两点：(1) 一个循环中可以有一个以上的 break 语句，但过多的 break 语句会破坏代码结构；(2) switch 语句中的 break 仅仅影响该 switch 语句，而不会影响其中的任何循环。

break 不是用来提供一种正常的循环终止的，正常结束循环的方法应是使用条件判断。只有在某些特殊的情况下，才用 break 语句来终止一个循环。

另外，还可以把 break 当作 goto 的一种“文明”形式。Java 中没有 goto 语句，因为 goto 语句提供了一种改变程序运行流程的非结构化方式，这通常使程序难以理解和维护，也阻止了某些编译器的优化。但是，有些地方 goto 语句对于构造流程控制是有用的而且是合法的。例如，从嵌套很深的循环中退出时， goto 语句就很有帮助。因此，Java 定义了 break 语句的一种扩展形式来处理这种情况。通过使用这种形式的 break 语句，可以终止一个或若干个代码块。这些代码块不必是一个循环或一个 switch 语句的一部分，它们可以是任何的块。

break 语句的格式如下：

```
break label;
```

其中，label 是标识代码块的标签。当执行这种形式的 break 语句时，控制被传递出指定的代码块。加标签的代码块必须包含 break 语句，但它并不需要是直接包含 break 语句的块。这表示可以使用一个加标签(label)的 break 语句退出一系列的嵌套块，但不能使用 break 将控制传递到不包含 break 语句的代码块。

要指定一个代码块，在其开头加一个标签即可。标签可用任何合法有效的 Java 标识符后跟一个冒号来表示。一旦给一个块加上标签后，就可以使用这个标签作为 break 语句的对象，从而使加标签的块的结尾重新开始执行。例如，下面的程序包含 3 个嵌套块，每一个块都有各自的标签。break 语句使程序向前跳过了标签为 second 的代码块结尾，又跳过了 2 个 println ( )语句。

```
/**
 * @author Java
 */
public class Break {
    public static void main(String args[]) {
        boolean t = true;
        first:  {
            second:  {
                third:  {
                    System.out.println("Before the break.");
                    if (t) {
```

```
                        break second;   // 跳出标签为 second 的代码块
                    }
                    System.out.println("This won't execute");
                }
                System.out.println("This won't execute");
            }
            System.out.println("This is after second block");
        }
    }
}
```

该程序的输出如下：

```
Before the break.
This is after second block
```

标签 break 语句的一个最普遍的用法是退出循环嵌套。例如，下面的程序中，外层的循环只执行了一次：

```
/**
 * @author Java
 */
public class BreakLoop4 {
    public static void main(String args[]) {
        outer:   for (int i = 0; i < 3; i++) {
            System.out.print("Pass " + i + "：   ");
            for (int j = 0; j < 100; j++) {
                if (j == 10) {
                    break outer; // exit both loops
                }
                System.out.print(j + " ");
            }
            System.out.println("This will not print");
        }
        System.out.println("Loops complete.");
    }
}
```

该程序的输出如下：

```
Pass 0：   0 1 2 3 4 5 6 7 8 9 Loops complete.
```

可以看到，当内部循环退到外部循环时，两个循环都被终止了。如果一个标签未在包含 break 语句的块中被定义，就不能对该标签执行 break 命令。例如，下面的程序就是非法的，且不会被编译：

```
/**
 * @author Java
 */
public class BreakErr {
    public static void main(String args[]) {
        one:  for (int i = 0; i < 3; i++) {
            System.out.print("Pass " + i + ":   ");
        }
        for (int j = 0; j < 100; j++) {
            if (j == 10) {
                break one; // WRONG
            }
            System.out.print(j + " ");
        }
    }
}
```

因为标签为 one 的循环没有包含 break 语句，所以不能对该块执行 break 命令。

3.3.2 continue 语句

continue 语句的用法是：结束当前正在执行的这一次循环(for、while、do-while)，接着执行下一次循环。即跳过循环体中尚未执行的语句，接着进行下一次是否执行循环的判定。continue 语句是 break 语句的补充。在 while 和 do-while 循环中，continue 语句用来转去执行对条件表达式的判断；在 for 循环中，continue 语句用来转去执行条件表达式。

下列程序使用 continue 语句实现每行打印 2 个数字：

```
/**
 * @author Java
 */
public class Continue {
    public static void main(String args[]) {
        for (int i = 0; i < 10; i++) {
            System.out.print(i + " ");
            if (i % 2 == 0)
                continue;
            System.out.println("");
        }
    }
}
```

该程序使用%(模)运算符来判定变量 i 是否为偶数，如果是，则循环继续执行而不输出新的一行。该程序的结果如下：

```
0 1
2 3
4 5
6 7
8 9
```

对于 break 语句，continue 语句可以指定一个标签来说明继续哪个循环。下面的程序使用 continue 语句来打印 0～9 的三角形乘法表：

```
/**
 * @author Java
 */
public class ContinueLabel {
    public static void main(String args[]) {
        outer:  for (int i = 0; i < 10; i++) {
            for (int j = 0; j < 10; j++) {
                if (j > i) {
                    System.out.println();
                    continue outer;
                }
                System.out.print(" " + (i * j));
            }
        }
        System.out.println();
    }
}
```

在上述程序中，continue 语句终止了计数 j 的循环而继续计数 i 的下一次循环反复。该程序的输出如下：

```
0
0 1
0 2 4
0 3 6 9
0 4 8 12 16
0 5 10 15 20 25
0 6 12 18 24 30 36
0 7 14 21 28 35 42 49
0 8 16 24 32 40 48 56 64
0 9 18 27 36 45 54 63 72 81
```

普遍使用 continue 语句的情况很少，原因是 Java 提供了一系列丰富的循环语句，可以适用于绝大多数应用程序。但是，如果需要跳出当前的循环体，continue 语句则是不二之选。

3.3.3　多重 for 循环语句

和其他编程语言一样，Java 允许循环嵌套，也就是一个循环在另一个循环之内。例如：

```
/**
 * @author Java
 */
public class Nested {
	public static void main(String args[]) {
		int i, j;
		for (i = 0; i < 10; i++) {
			for (j = i; j < 10; j++)
				System.out.print(".");
			System.out.println();
		}
	}
}
```

该程序的输出如下：

```
..........
.........
........
.......
......
.....
....
...
..
.
```

当循环语句中又出现循环语句时，称为嵌套循环。如嵌套 for 循环、嵌套 while 循环等；也可以使用混合嵌套循环，也就是循环中又有其他不同种类的循环。

下面以打印九九乘法表为例来说明嵌套循环的用法。

```
/**
 * @author Java
 */
public class TestJava3_31 {
	public static void main(String[] args) {
		int i, j;
		// 用两层 for 循环输出乘法表
		for (i = 1; i <= 9; i++) {
			for (j = 1; j <= 9; j++)
```

```
                System.out.print(i + "*" + j + "=" + (i * j) + "\t");
            System.out.print("\n");
        }
    }
}
```

该程序的输出如下：

```
1*1=1   1*2=2   1*3=3   1*4=4   1*5=5   1*6=6   1*7=7   1*8=8   1*9=9
2*1=2   2*2=4   2*3=6   2*4=8   2*5=10  2*6=12  2*7=14  2*8=16  2*9=18
3*1=3   3*2=6   3*3=9   3*4=12  3*5=15  3*6=18  3*7=21  3*8=24  3*9=27
4*1=4   4*2=8   4*3=12  4*4=16  4*5=20  4*6=24  4*7=28  4*8=32  4*9=36
5*1=5   5*2=10  5*3=15  5*4=20  5*5=25  5*6=30  5*7=35  5*8=40  5*9=45
6*1=6   6*2=12  6*3=18  6*4=24  6*5=30  6*6=36  6*7=42  6*8=48  6*9=54
7*1=7   7*2=14  7*3=21  7*4=28  7*5=35  7*6=42  7*7=49  7*8=56  7*9=63
8*1=8   8*2=16  8*3=24  8*4=32  8*5=40  8*6=48  8*7=56  8*8=64  8*9=72
9*1=9   9*2=18  9*3=27  9*4=36  9*5=45  9*6=54  9*7=63  9*8=72  9*9=81
```

3.3.4　多重 for 循环语句中的 break

在多重 for 循环中，break 语句用于终止最内层的循环，从该循环语句中退出，接着执行下面的语句。例如：

```
/**
 * 输出 3 至 100 之间的素数
 * @author Java
 */
public class Sushu {
    public static void main(String[] args) {
        for (int i = 3; i <= 100; i++) {
            int j;
            for (j = 2; j <= i - 1; j++) {
                if (i % j == 0) {
                    break;
                }
            }
            if (i == j) {
                System.out.print(i + " ");
            }
        }
    }
}
```

该程序的输出如下：

3 5 7 11 13 17 19 23 29 31 37 41 43 47 53 59 61 67 71 73 79 83 89 97

如上述程序所示，一个数只要能被其本身以外的任何一个数整除，就表示该数不是素数，当满足此条件时即可中止循环，采用 break 语句跳出该层循环，并继续执行下面的语句。

3.4　while 语句

1. while 语句的格式

while 语句和 for 语句一样也是 Java 中最常用的循环语句。它的基本格式如下：

```
while (循环条件){
    循环体;
}
```

和 if 语句类似，如果不使用代码块的结构，则只有 while 后面的第一条语句是循环体语句。在该语法中，要求循环条件为布尔表达式。

在执行 while 语句时，首先判断循环条件，如果循环条件为 false，则不执行循环体；如果循环条件为 true，则执行循环体，然后再判断循环条件，一直到循环条件的计算结果为 false 为止。

值得注意的是，循环条件的设定应合理，避免出现恒为 true 或 false 的情况，否则将出现“死程序”的情况。例如：

```
int i = 0;
while (true) {
    i++;
}
```

在执行循环语句时，要注意语句之间的顺序，否则会出现不符合程序逻辑的情况。例如：

```
/**
 * @author Java
 */
public class Loop {
    public static void main(String[] args) {
        int i = 0;
        while (i < 10) {
            System.out.println(i);
            i++;
        }
    }
}
```

以上程序输出 0～9 之间的数字。假如将循环体中的语句调整一下顺序，则会出现完全不同的结果。

```
/**
 * @author Java
 */
public class Loop {
	public static void main(String[] args) {
		int i = 0;
		while (i < 10) {
			i++;
			System.out.println(i);
		}
	}
}
```

以上程序输出的是 1～10 之间的数字。

2. while 语句的注意事项

(1) 如果循环体有多条语句，就必须将其放入大括号内。

(2) while 语句在循环一开始就计算循环条件表达式，若为 false，则循环一次也不执行。

(3) 循环体可以为空，即只有一个分号，作为空语句。

(4) 必须合理设定循环条件，避免出现死循环。

3. while 语句的应用

从结构上看，for 循环和 while 循环有很多相似之处。一般可以用 for 循环的地方也可以用 while 循环。for 循环和 while 循环均可实现通过一个变量来计数。进行循环条件的判断时，for 循环规定了循环的次数，while 循环则是判断循环条件的逻辑(真或假)。每循环一次，用来计数的变量就自增或自减一次。for 循环和 while 循环的区别在于，for 循环事先知道循环的次数；而 while 循环只进行循环条件的判断，计算结果为真则执行循环体，一旦为假就停止执行。所以当不能确定循环的具体次数，只知道循环何时停止时就最好采用 while 循环。

下面是一个 while 循环的程序：

```
/**
 * @author Java
 */
public class Loop {
	public static void main(String[] args) {
		int i = 1;
		int sum = 1;
		while (i <= 5) {
			sum *= i;
```

```
                i++;
            }
            System.out.println("5!=" + sum);
        }
    }
```

上述程序当然也可以通过 for 循环来实现。

下面是另一个 while 循环的程序：

```
    import java.util.Scanner;
    /**
      * @author Java
      */
    public class Loop {
        public static void main(String[] args) {
            Scanner in = new Scanner(System.in);
            System.out.println("Please input your name");
            while(in.hasNext()){
                System.out.println("Welcome,"+in.next());
            }
        }
    }
```

在此程序中，只要控制台有用户输入，就会执行循环，即打印出欢迎信息。程序并不明确循环次数，只判断循环条件是否满足。

习　　题

1．写一个程序，打印出 1～100 间的整数。

2．修改习题 1，在值为 47 时用一个 break 语句退出程序，或者换成 return 语句试试。

3．创建一个 switch 语句，为每一种 case 都显示一条消息，并将 switch 置入一个 for 循环中，令其尝试每一种 case。在每个 case 后面都放置一个 break，并对其进行测试，然后删除 break，看看会有什么情况出现。

4．写一个程序，将 1～100 的叠加结果打印出来(至少用三种方法完成)。

第 4 章　Java 的数组

本章要点

- ✓ 数组
- ✓ 基本数据类型数组
- ✓ 引用数据类型数组
- ✓ 二维数组
- ✓ 三维数组及多维数组

4.1　数　　组

数组是一种数据结构，用来存储相同数据类型的数据，是一组数据的集合。数组中的每个数据称为元素。元素可以是任意类型(包括基本数据类型和引用类型)，但是同一数组中元素的类型必须相同。

4.1.1　数组的声明

数组的声明方式有以下两种：

```
type[] array_name;
type array_name[];
```

例如：

```
int[] a;
float b[];
```

注意：在声明数组时不能指定数组的大小，如 int[5] a 或 int a[4]都是错误的。对于基本数据类型的数组，type 只能是基本数据类型。

4.1.2　数组的创建

new 操作符可用来创建数组对象，指定数组的大小，为数组元素分配存储空间。例如：

```
int[] arr = new int[10];
```

该语句创建了一个 int 型数组，并存放 10 个 int 类型的元素。

创建数组的过程如下：

(1) 在堆中为数组分配内存空间。如上面的语句创建了一个包含 10 个元素的 int 数组，Java 中 int 型数据占 4 个字节，因此该数组对象在内存中占用 40 个字节，如图 4-1 所示。

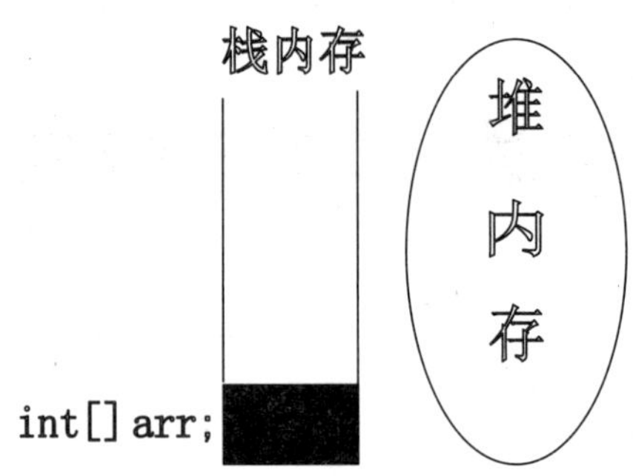

图 4-1　基本数据类型数组的声明

(2) 为数组元素赋默认值。因为没有进行初始化，所以数组中的每个元素都被赋予了 int 型数据的默认值，即 0，如图 4-2 所示。

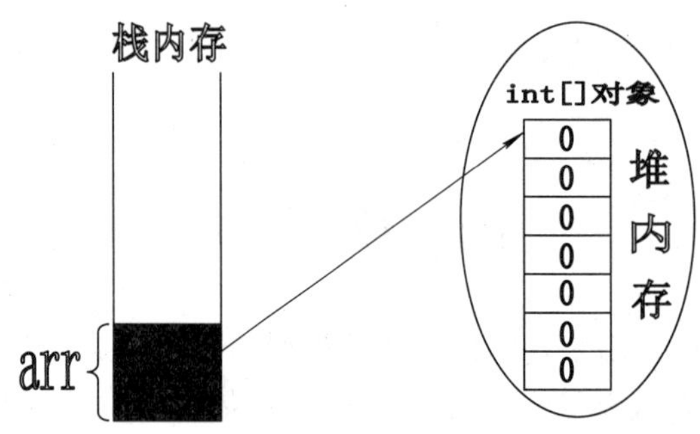

图 4-2　基本数据类型数组的创建

(3) 返回数组对象的引用，给数组赋值。

4.1.3　数组的使用注意事项

创建数组后，如果不对其进行初始化，那么数组中的元素就会被赋予数据类型的默认值。对于基本数据类型的数组，其中存放的元素都是基本数据类型。int 型的默认值为 0，float 型的默认值为 0.0f，double 型的默认值为 0.0，char 型的默认值为 '\u0000'，boolean 型的默认值为 false。

创建数组的时候，需指定数组的大小。数组中的每个元素都有一个索引(或称做下标)，第一个元素的下标为 0，第二个元素的下标为 1，依此类推，最后一个元素的下标为数组的大小减 1。通过下标访问数组元素时，下标值最大不能超过数组大小减 1，否则会出现数组越界异常。

Java 中，用 length 属性表示数组的长度。该属性被定义为 final，意即该属性不能被修改。从数组的创建过程可以知道，创建数组就是将数组对象的引用赋给数组变量。数组元素必须在数组变量引用了一个数组对象之后才能被访问，否则会出现空指针异常。这是因为数组本身也是一种引用类型，若声明了一个数组变量，却未将数组对象的引用赋给它，则该数组变量的默认值为 null，对 null 进行操作就会出现空指针异常。

4.2　基本数据类型数组

4.2.1　基本数据类型数组的初始化

如图 4-3 所示，创建完数组之后，需要对其中的元素进行初始化。初始化包括静态初始化和动态初始化两种方式。

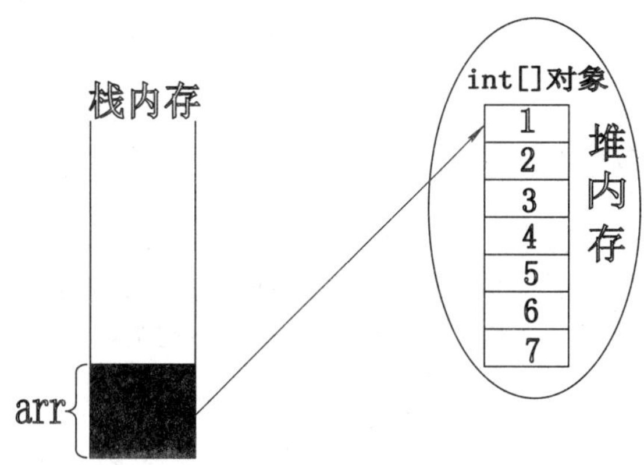

图 4-3　基本数据类型数组的初始化

初始化赋值的一般形式如下：

```
类型说明符[] 数组名[常量表达式]={值，值,…,值};
```

例如：

```
int[] num = {1,2,5,10,17,26};
```

1. 静态初始化

静态初始化指在数组定义的同时，为数组中的各元素指定初值。通过这种方式，实际上完成了数组的声明、数组的创建和数组的初始化三个操作。

静态初始化的方式是用花括号把要赋值给各元素的初始值括起来，数据间用逗号分隔。在对数组中的全体元素赋初值时，可以不必指明数组中元素的个数。虽然在定义时没有指明数组的长度，但系统会根据花括号中的初值个数确定数组的实际长度。

静态初始化包括以下几种常见的情况：

(1) 定义数组时对数组元素赋值，如：

```
int num[5]={1,2,3,4,5};
```

(2) 定义数组时对数组中的部分元素赋值，未赋值的元素为 0，如：

```
int num[5]={1,2};
```

(3) 定义数组时对数组的全部元素均赋值为 0，如：

```
int num[5]={0,0,0,0,0}
```

或

```
int num[5]={0};
```

(4) 如果全部元素被指定了初始值，则数组长度可以不显示，如：

```
int num[]={2,4,6,8,10};
```

该数组的长度为 5。

静态初始化是在编译阶段进行的，这样可以减少运行时间，提高效率。

2. 动态初始化

动态初始化指将数组的声明和数组的初始化分开进行。例如：

```
int[] x = new int[5];
for(int i=0;i<x.length;i++){
   x[i] = 2*i+1;
}
```

4.2.2　基本数据类型数组的应用

下面的程序可实现移除数组中的重复元素。其中 ArrayDemo 是类名，removeSameElement() 方法用来实现移除重复元素：首先，遍历数组查找重复元素；其次，统计无重复元素的个数；最后，创建新的数组用于存储无重复元素，并动态初始化。

```
/**
* @author Java
*/
public class ArrayDemo {
       public static void main(String[] args) {
          int[] a={1,3,1,2,3,5};
          removeSameElement(a);
}
/*
 * 移除重复元素
 */
public static void removeSameElement(int[] a){
             int num=0;
             /**循环遍历数组，查找重复元素*/
             for(int i=0;i<a.length;i++){
                 for(int j=i+1;j<a.length;j++){
                     if(a[j]==a[i]&&a[j]!=-1&&a[i]!=-1){
                         a[j]=-1;           //将重复元素标记为-1
                     }
                 }
             }
             /**统计无重复的元素个数*/
             for(int i=0;i<a.length;i++){
```

```
                if(a[i]!=-1){
                    num++;
                }
            }
            /**创建一个新的数组，并动态初始化*/
            int b[]=new int[10];
            for(int i=0;i<b.length;i++){
                b[i]=0;
            }
            /**将原数组中无重复的元素赋给新的数组*/
            for(int i=0;i<a.length;i++){
                if(a[i]!=-1){
                    for(int j=0;j<b.length;j++){
                        if(b[j]==0){
                            b[j]=a[i];
                            break;
                        }
                    }
                }
            }
            System.out.println("移除后：");
            for(int i=0;i<b.length;i++){
                System.out.print("    b["+i+"]="+b[i]);
            }
        }
    }
```

程序的运行结果如图 4-4 所示。

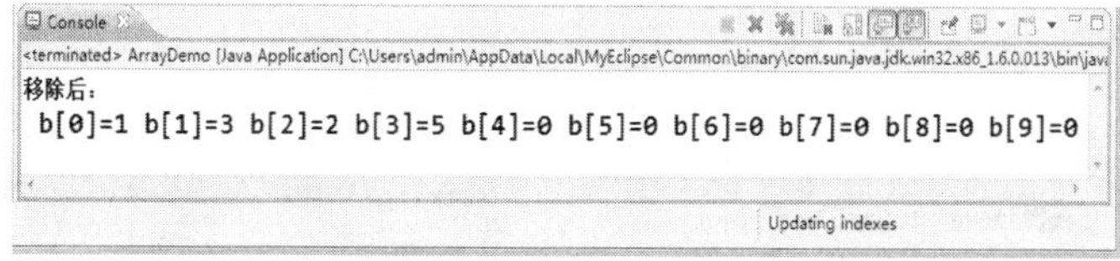

图 4-4　移除数组中重复元素后的输出结果

4.3　引用数据类型数组

4.3.1　引用数据类型数组的创建

前面我们讲解了基本数据类型的数组，本节将讲述引用数据类型的数组。

例如，String 是 Java 中的字符串类：

```
String[] str = new String[5];
```

上述语句创建了一个 String 类型的数组，数组中存储的元素是 String 类的对象。

引用数据类型数组的创建过程与基本数据类型数组的创建过程类似。

引用数据类型数组的定义和简单数据类型数组的定义一样，如图 4-5 所示。

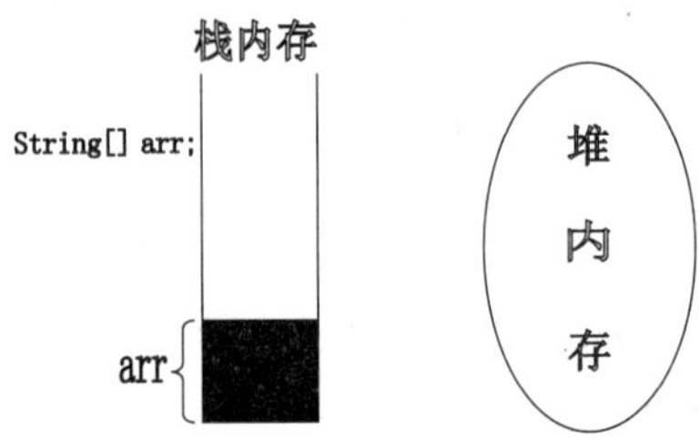

图 4-5　引用数据类型数组的定义

当引用数据类型的数组被声明后，系统将在内存中为其分配内存空间。

引用数据类型的数组在创建时先给数组元素分配内存空间，再赋给它们默认的初始值 null，如图 4-6 所示。

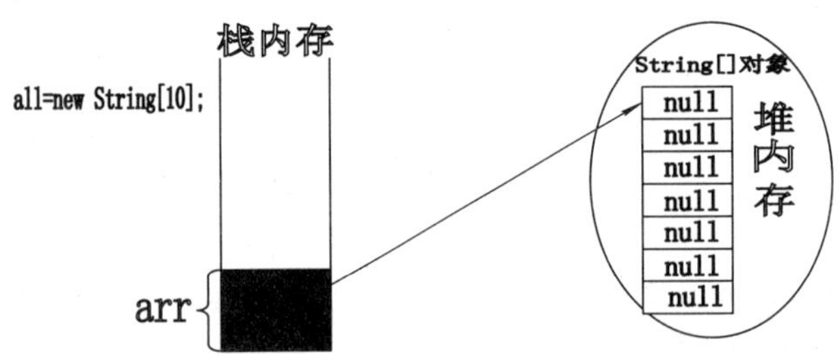

图 4-6　引用数据类型数组的创建

4.3.2　引用数据类型数组的初始化

引用数据类型数组的初始化和基本数据类型数组的初始化有所不同，因为数组本身是引用类型，所以数组中元素也是引用类型，需要给数组元素所引用的对象分配内存空间。

引用数据类型数组的初始化如图 4-7 所示。

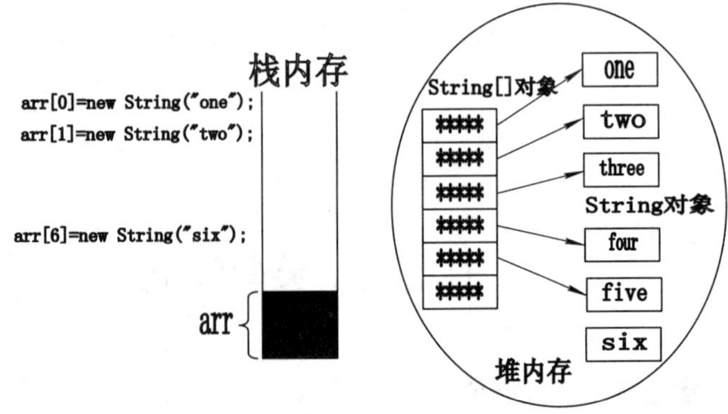

图 4-7　引用数据类型数组的初始化

对基本数据类型的数组进行初始化时，会将值赋给对应的各个数组元素；而对引用数据类型的数组进行初始化时，则将对象的引用赋给数组元素。

4.3.3　引用数据类型数组的应用

引用数据类型数组中存储的对象可以是 Java 语言中已经存在的类创建的对象，也可以是自定义类创建的对象。例如：

```
/**
 * @author Java
 */
public class TestShuzu {
        public static void main(String[] args) {
            Person[] ps = new Person[5];
            ps[0]=new Person(1,"cy");
            ps[1]=new Person(2,"xl");
        System.out.println(ps[0].getName()+" and "+ps[1].getName()+" are good friends");
        }
}
class Person{
        private int id;
        private String name;
        public Person(int id,String name){
            this.id=id;
            this.name=name;
        }
        public int getId() {
            return id;
        }
        public void setId(int id) {
            this.id = id;
        }
        public String getName() {
            return name;
        }
        public void setName(String name) {
            this.name = name;
    }
}
```

其中，Person 类是自定义的类。ps 是 Person 类型数组，向数组中添加该类型的元素，创建该类的对象，并将对象的引用赋给 Person 类型数组变量。

前面讲解的基本数据类型数组和引用数据类型数组都属于一维数组，下面将介绍二维数组、三维数组及多维数组。

4.4　二 维 数 组

4.4.1　二维数组的定义

二维数组和一维数组一样，必须定义后才能使用。

二维数组定义的格式如下：

类型说明符 数组名[常量表达式 1][常量表达式 2]

其中，常量表达式 1 用来定义二维数组的行数，常量表达式 2 用来定义二维数组的列数。二维数组包含的数组元素的个数=常量表达式 1×常量表达式 2。

通过上面二维数组定义的方式，仅仅声明了一个数组变量，并没有创建一个真正的数组，因此还不能访问这个数组。和创建一维数组一样，可以使用 new 来创建二维数组。

当使用 new 来创建多维数组时，不必指定每一维的大小，而只需指定第一维的大小就可以了，创建方式如下：

```
int[][] a1 = new int[3][];
```

但如果第一维的大小不指定，而指定第二维的大小，或者大小不指定，则是错误的。如 int[][] a2 = new int[][3]和 int[][] a5 = new int[][]就是错误的数组声明。

4.4.2　二维数组的初始化

1. 静态初始化

二维数组在进行静态初始化时，必须和数组的声明写在一起。例如：

```
int[][] a={{1,1},{2,2,2},{3,3}};
```

可以看出，内部的大括号代表了一个一维数组的静态初始化，二维数组可视为多个一维数组的静态初始化的组合。

2. 动态初始化

动态初始化只指定数组的长度，对数组中每个元素进行初始化是指在声明数组时采用数据类型的默认值。

二维数组动态初始化的语法格式如下：

```
int[][] a=new int[3][4];
int b[][];
b=new int[2][2];
```

上述程序对长度为 3×4 的数组 a 和 2×2 的数组 b 分别进行了初始化。

使用上述方法，初始化得到的二维数组的列数都是相同的。如果需要初始化第二维长度不一样的二维数组，则可以使用如下格式：

```
int[][] b;
b=new int[2][];
```

```
b[0]=new int[3];
b[1]=new int[4];
```

在初始化第一维的长度时，其实就是把数组 b 看做是一个一维数组，初始化其长度为 2，即数组 b 中包含的 2 个一维元素分别是 b[0]和 b[1]，然后用一维数组动态初始化的方法分别初始化 b[0]和 b[1]。

3. 初始化赋值

对二维数组的元素进行赋值时，需注意下列几种情况：

(1) 只对部分元素赋初值，未赋初值的元素则采用数组类型的默认值。

(2) 如果对全部元素赋初值，则第一维的长度可以不给出。

(3) 数组是一种构造类型的数据，二维数组可以看做是由一维数组嵌套而成的。例如，a[2][2]是由 a[0]、a[1]这两个一维数组组成的，它们分别有两个元素，a[0]的元素为 a[0][0]、a[0][1]；a[1]的元素为 a[1][0]、a[1][1]。

注意：a[0]是数组名，而不是一个下标变量。对其赋值 a[0]=new int[]{1,2}。

4.4.3　二维数组的应用

二维数组元素也称为双下标变量，其表示形式为：数组名[下标][下标]，其中下标应为整型常量或整型表达式。例如：a[1][2]表示二维数组 a 的第 2 行第 3 列对应的元素。下标变量和数组说明在形式上有些相似，但两者具有不同的含义。数组的方括号中给出的是某一维的长度，即下标的最大取值，而数组元素中的下标是该元素在数组中的位置标识；但形如“数组名[下标 1][下标 2]”的“下标 1”只能是常量，而“下标 2”可以是常量，也可以是变量或表达式。

4.5　三维数组及多维数组

在 Java 中，多维数组实际上是数组的数组。当进行多维数组分配内存时，只需指定第一个(最左边)维数的内存即可，然后可以单独地给余下的维数分配内存。多维数组与一维数组不同的是，多维数组构成矩阵的每个向量都可以具有任意的长度。

在创建多维数组时，必须指明自由度。多维数组的自由度数值即数组的维数。例如，当自由度为 3 时，数组是三维数组；当自由度为 2 时，数组是二维数组；当自由度为 0 时，则表示一个数。

4.5.1　三维数组

三维数组的定义和二维数组一样。

下面举例说明三维数组的使用。

```
/**
 * @author Java
 */
public class TestShuzu {
```

```
public static void main(String[] args){
    int[][][] threeD = new int[3][4][5];
    int i, j, k;
    for(i = 0; i < 3; i++)
    for(j = 0; j < 4; j++)
    for(k = 0; k < 5; k++)
    threeD[i][j][k] = i*j*k;
    for(i = 0; i < 3; i++){
    for(j = 0; j < 4; j++){
    for(k = 0; k < 5; k++)
    System.out.print(threeD[i][j][k] + " ");
    System.out.println();
    }
    System.out.println();
    }
    }
}
```

上述程序的执行过程：当 i=0，j=0 时，执行最内层循环，依次输出 a[0][0][0]、a[0][0][1]、a[0][0][2]、a[0][0][3]和 a[0][0][4]，之后再执行“System.out.println();”后换行；然后跳到上一层循环，依次输出 a[0][1][0]、a[0][1][1]、a[0][1][2]、a[0][1][3]和 a[0][1][4]，依此类推，每行输出五个元素。在第二层循环中，需执行“System.out.println();”，即当第二层循环结束后换行。所以最后输出如下：每行输出五个元素，而每输出四行就需要换行，共输出 60 个元素。即将三维数组中的每个元素输出一次。

当然，三维数组的赋值没有必要一定要像上例中那么复杂，如果知道三维数组中每一维的长度，就可以在定义的时候进行初始化。

4.5.2 多维数组

对于多维数组，每个元素由数值及多个确定元素位置的下标组成。

在 Java 中并不存在真正的多维数组，只有数组的数组，Java 中的多维数组不一定是规则的矩阵形式。定义一个多维数组的方法如下：

```
int[][] xx;               //定义一个多维数组
xx=new int[2][];          //定义行数为 2 行
xx[0]=new int[2];         //在数组中的 xx[0]位置又定义了一个数组，长度为 3
```

如果不定义 xx[1]，那么 xx[1]就不能被使用。

如果 Java 中的数组是一个规则数组，就可以在一条语句中进行。例如：

```
int[][] xx=new int[2][3];
```

这个二维数组的长度是 2。求多维数组的长度时，可以把多维数组看做是一个一维数组，它有两个元素 xx[0]和 xx[1]，每个元素又对应一个数组，且长度是 3。

下面是多维数组的举例。

```
/**
 * @author Java
 */
public static void main(String args[]){
    int[][][] b = {{{1,2},{3,4},{5,6}},{{22},{44}},{{11,33,55}}};
    for(int i=0;i<b.length;i++){
        for(int j=0;j<b[i].length;j++){
            for(int k=0;k<b[i][j].length;k++){
                System.out.println("b["+i+"]["+j+"]["+k+"]="+b[i][j][k]);
            }
        }
    }
}
```

程序的输出结果如下：

```
b[0][0][0]=1
b[0][0][1]=2
b[0][1][0]=3
b[0][1][1]=4
b[0][2][0]=5
b[0][2][1]=6
b[1][0][0]=22
b[1][1][0]=44
b[2][0][0]=11
b[2][0][1]=33
b[2][0][2]=55
```

习　　题

1. 编写第一个方法，能够产生二维双精度型数组并加以初始化。数组的容量由方法的形式参数决定，其初始值必须包含在另外两个形式参数所指定的区间之内。编写第二个方法，打印出第一个方法所产生的数组。在 main()中声明不同类型的数组并打印其内容来验证这两个方法。

2. 创建一个类，包含一个用构造器中的参数进行初始化的 int 域。由这个类的对象构成两个数组，每个数组都使用相同的初始化值，并写出相应的 Arrays.equals()声明。在所创建的类中添加一个 equals 方法来解决此问题。

3. 演示用于多维数组的 deepEquals()方法。

4. 通过程序说明在未排序数组上执行 binarySearch()方法的结果是不可预知的。

5. 使用一维数组创建一副无大小王的扑克牌(52 张)，然后完成洗牌方法。

第 5 章　Java 的类和对象(上)

本章要点

- ✓ 类和对象的概念
- ✓ 面向对象
- ✓ Hello World 实例分析
- ✓ 成员方法
- ✓ 局部变量和成员变量
- ✓ 静态变量与静态方法
- ✓ 包的定义与导入
- ✓ 访问控制符
- ✓ 重载
- ✓ 类的实例化
- ✓ 静态块和实例块

5.1　类和对象的概念

直观地讲，类就是一类事物，如人、电脑等，Java 中的类是以“.class”结尾的文件。对象是类中的某个实例，比如可以是很多人中的一个，也可以是很多电脑中的一台。

类是 Java 语言的核心和基础，因为类定义了对象的本质，在 Java 程序中实现的每一个概念都必须封装在类中。

5.1.1　面向对象程序设计概述

Java 是一门完全面向对象的程序语言，在深入了解 Java 的类和对象之前，有必要讲解一下面向对象程序设计(Object Oriented Programming，OOP)的含义。

传统的结构化程序设计通过设计一系列的过程(即算法)来求解问题。这些过程一旦被确定，就要开始考虑存储数据的方式。这就是 Pascal 语言的设计者 Niklaus Wirth 将其编著的有关程序设计的著名书籍命名为《算法＋数据结构＝程序》(Algorithms + Data Structures = Programs, Prentice Hall, 1975)的原因。需要注意的是，在 Wirth 命名的标题中，算法是第一位的，数据结构是第二位的。这就明确地表述了程序员的工作方式：首先要确定如何操作数据，然后再决定如何组织数据，以便于数据操作。面向对象程序设计却调换了这个次序，将数据放在第一位，然后再考虑操作数据的算法。

对于一些规模较小的问题，将其分解为过程的开发方式(即面向过程)比较理想，而面向对象更加适用于解决规模较大的问题。要想实现一个简单的 Web 浏览器需要大约 2000 个过程，这些过程可能需要对一组全局数据进行操作；而采用面向对象则只需要大约 100 个类，每个类平均包含 20 个方法(如图 5-1 所示)。可见后者更易于程序员进行操作。假设给定对象的数据处于一种错误状态，很显然，在访问过这个数据项的 20 个方法中查找错误要比在 2000 个过程中查找容易得多。

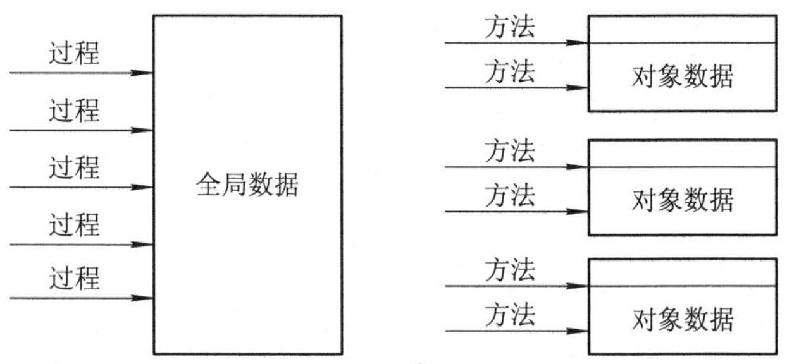

图 5-1　面向过程与面向对象的程序设计对比

面向对象程序设计是当今主流的程序设计范型，它已经取代了 20 世纪 70 年代的结构化、过程化的程序设计开发技术。

面向对象的程序是由对象组成的，每个对象包含对用户公开的特定功能部分和隐藏的实现部分。程序中的很多对象来自于标准库，还有一些是自定义的。究竟是自己构造对象，还是从外界购买对象完全取决于预算和时间。但是，从根本上说，只要对象能够满足要求，就不必关心其功能的具体实现过程。

5.1.2　类的基础概述

1. 类的一般形式

当定义一个类时，需要声明其行为和属性。可以通过指定该类包含的特征和操作数据的代码来定义类。关键字 class 用来创建类，类的定义格式如下：

```
/**
*@author Java
*/
class classname {
    <type> instance-variable1;
    <type> instance-variable2;
    // 属性声明
    <type> instance-variableN;
    <type> methodname1(parameter-list) {
        // 方法体
    }
    <type> methodname2(parameter-list) {
```

```
        //方法体
    }
    // ...
    <type> methodnameN(parameter-list) {
        //方法体
    }
}
```

例如：

```
public class ClassName {
    public static void main(String[] args) {
        int a = 4;
        int b = 5;
        int sum = a + b;
        System.out.println(sum);
    }
}
```

在类中，数据或变量被称为实例变量(instance variables)，代码包含在方法(methods)内。在类中定义的方法和实例变量称为类的成员(members)。在大多数类中，实例变量由定义在该类中的方法操作和存取，即方法决定如何使用该类中的数据。

在类中定义的变量之所以被称为实例变量，是因为类中的每个实例(也就是类的每个对象)都包含它自己对这些变量的拷贝。因此，一个对象的数据是独立的且是唯一的。所有的方法和我们到目前为止用过的方法 main()的形式一样。但是，方法将不仅仅是被指定为 static 或 public。

2. 一个简单的类

让我们先从一个简单的例子来对类进行研究。下面定义了一个名为 Box 的类，它定义了 3 个实例变量：width、height 和 depth。当前，Box 类不包含任何方法(但是随后将增加一些)。

```
class Box {
  double width;
  double height;
  double depth;
}
```

前面已经说过，一个类定义了一个新的数据类型。在本例中，新的数据类型名为 Box，可以使用这个名字来声明 Box 对象。类的声明只是创建一个模板(或类型描述)，并不是创建一个实际的对象。因此，上述代码不会生成任何 Box 型的对象实体。

要真正创建一个 Box 对象，就必须使用下面的语句：

```
Box mybox = new Box(); // 创建一个 Box 对象并赋给引用变量
```

执行该语句后，mybox 就是 Box 的一个实例了。因此，它将具有“物理的”真实性。

现在，先不必考虑这个语句的一些细节问题。

每当创建类的一个实例，就创建了一个对象，该对象包含由它的类定义的每个实例变量的拷贝。因此，每个 Box 对象都将包含它自己的实例变量拷贝，这些变量即 width、height 和 depth。访问这些变量时需要使用点号“.”运算符(dot operator)。点号运算符将对象名和成员名连接起来。例如，将 mybox 的 width 变量赋值为 100 时，使用下列语句：

```
mybox.width = 100;
```

该语句告诉编译器将 mybox 对象内包含的 width 变量拷贝的值赋为 100。通常使用点号运算符来访问一个对象内的实例变量和方法。下面是使用 Box 类的完整程序：

```
class Box {
    double width;
    double height;
    double depth;
}
/**
*声明一个调用 Box 类的类
**/
class BoxDemo {
    public static void main(String args[]) {
        Box mybox = new Box();
        double vol; // 给 mybox 的对象赋值
        mybox.width = 10;
        mybox.height = 20;
        mybox.depth = 15; // 计算 Box 的值
        vol = mybox.width * mybox.height * mybox.depth;
        System.out.println("Volume is " + vol);
    }
}
```

包含上述程序的文件之所以命名为 BoxDemo.java，是因为 main( )方法存在于名为 BoxDemo 的类中，而不是名为 Box 的类中。在编译该程序时，发现生成了两个“.class”文件，一个属于 Box，另一个属于 BoxDemo.Java，编译器会自动将每个类保存在它自己的“.class”文件中。没有必要将 Box 类和 BoxDemo 类放在同一个源文件中，可以将它们分别放在各自的源文件中，并分别命名为 Box.java 和 BoxDemo.java。

在运行该程序前必须执行 BoxDemo.class。程序将有如下输出：

```
Volume is 3000.0
```

前面已经讲过，每个对象都包含由它的类定义的实例变量的拷贝。因此，假设有两个 Box 对象，每个对象都有各自的 depth、width 和 height 的拷贝。需要注意的是，改变一个对象的实例变量对另一个对象的实例变量没有任何影响。例如，下面的程序中定义了两个 Box 对象：

```
// 下面程序声明了两个 Box 对象
```

```
class Box {
    double width;
    double height;
    double depth;
}
class BoxDemo2 {
    public static void main(String args[]) {
        Box mybox1 = new Box();
        Box mybox2 = new Box();
        double vol;
        // 给 mybox1 实例赋值
        mybox1.width = 10;
        mybox1.height = 20;
        mybox1.depth = 15;
        /*
         *为两个 Box 对象赋予不同的值
         */
        mybox2.width = 3;
        mybox2.height = 6;
        mybox2.depth = 9;
        // compute volume of first box
        vol = mybox1.width * mybox1.height * mybox1.depth;
        System.out.println("Volume is " + vol);
        //计算第二个 Box 对象的值
        vol = mybox2.width * mybox2.height * mybox2.depth;
        System.out.println("Volume is " + vol);
    }
}
```

该程序的输出如下：

```
Volume is 3000.0
Volume is 162.0
```

可以看到，mybox1 的数据与 mybox2 的数据完全无关。

5.1.3 类是对象的蓝本

类中定义了一套数据元素(属性)和一套行为(方法)。行为用来操作对象，以及完成相关对象之间的交互。属性和方法都叫做成员。例如，交通工具对象必须具有两个属性：最大载重量和当前载重量，装载集装箱的方法要始终针对这两个属性。

Java 语言中的抽象数据类型概念是类给对象的特殊类型提供定义。它规定对象内部的数据，创建对象的特性，以及实现对象运行数据的功能。

注意，尽管类定义了具体的对象，但这本身并不是一个对象，而在程序中只是类定义的一个副本，可以有几个对象作为该类的实例。在 Java 语言中使用 new 运算符来实例化一个对象。例如：

```
class EmpInfo {
    String name;
    String designation;
    String department;
}
```

变量 name、designation 和 department 被称为类 EmpInfo 的成员。

下面的程序是创建并实例化一个对象，然后对其成员进行赋值：

```
EmpInfo employee = new EmpInfo();           //创建实例
employee.name = "Robert Javaman";           //初始化
employee.designation = "Manager";
employee.department = "Coffee Shop";
```

EmpInfo 类中的 employee 对象现在就可以使用了，例如：

```
System.out.println(employee.name + " is " +
        employee.designation + " at " +
        employee.department);
```

程序的运行结果如下：

```
Robert Javaman is Manager at Coffee Shop
```

下面的程序中，在类中加入方法 print( )用来打印数据。数据和代码可以封装在一个实体中，这是面向对象程序的一个基本特征。定义为 print( )的代码段可作为一个方法被调用，例如：

```
public void print(){
System.out.println(employee.name + " is " +
        employee.designation + " at " +
        employee.department);
}
```

5.1.4　类的声明

1. 声明 class

在 Java 中采用了下列方法来声明类：

```
<modifier>  class  <name>{
        <attribute_declaration>
        <constructor_declaration>
        <method_declaration>
}
```

其中，<name>表示所声明类的名称；<modifier>表示可以被所有其他类访问，暂时只用

“public”；<attribute_declaration>用于声明属性；<constructor_declaration>用于声明构造函数；<method_declaration>用于声明方法。

2. 声明属性

声明属性的格式如下：

```
<modifier>  <type>  <name>  [ = <default_value> ];
```

其中：<modifier>表示仅能被所属类中的方法访问，暂时只用“private”；<type>用于声明类型，可以是任何基本类型或其他类型。

3. 声明方法

声明方法的格式如下：

```
<modifier>  <return_type>  <name>  ( <parameter> ){
        <statement>
}
```

其中：<name>可使用任何合法的标识符(已经被使用的除外)。

<modifier>：“public”表示可以被任何其他代码访问；protected 表示可以被同一个包中的其他代码访问；private 表示仅能被同一个类中的其他代码访问。

<return_type>用来声明方法返回值的类型。如果方法不返回值，则应被声明为 void。

<parameter>用于给方法传递参数。当传递多个参数时，参数之间需用逗号分开，每个参数由参数类型和标识符组成。例如：

```
public class Thing{
    private int x;
    public int getX(){
        return x;
    }
    public void setX(int new_x){
        x = new_x;
    }
}
```

类 Thing 中有一个实例变量 x。方法 getX 返回 x 的数据属性，方法 getX 不含参数。return 语句用于返回 x 的值。方法 setX 使用参数 new_x 来修改 x 的值，它不返回任何值。

下面的程序说明如何使用这个方法：

```
public class TestThing{
    public static void main(String[] args){
        Thing thing1 = new Thing();
        thing1.setX(47);
        System.out.println("thing1.x is" + thing1.getX() );
    }
}
```

程序的输出结果如下：

thing1.x is 47

5.1.5　类与类之间的关系

在类之间，最常见的关系有依赖、聚合和继承。

依赖(dependence)即“uses-a”关系，是一种最明显、最常见的关系。例如生产零件的机器和零件，机器负责构造零件对象；再如充电电池和充电器，充电电池通过充电器来充电。

如果一个类的方法操纵另一个类的对象，我们就说一个类依赖于另一个类。应尽可能地将相互依赖的类减至最少，也就是让类之间的耦合度最小。

聚合(aggregation)即“has-a”关系，是一种具体且易于理解的关系。例如自行车和它的响铃、龙头、轮胎、钢圈以及刹车装置等，它们之间是聚合关系。

继承(inherit)即“is-a”关系，是一个类(称为子类、子接口)继承另外一个类(称为父类、父接口)的关系。

关系的符号见表 5-1。

表 5-1　关系的符号

关　系	UML 连接符
依赖	- - - - - - - - - - - ->
聚合	◇————————
继承	————————▷

5.2　面 向 对 象

面向对象程序设计是将人们认识世界过程中普遍采用的思维方法应用到程序设计中。对象是现实世界中存在的事物，它们是有形的，如某个人、某种物品；也可以是无形的，如某项计划、某次商业交易。对象是构成现实世界的一个独立单位，人们对世界的认识，是从分析对象的特征入手的。

对象的特征分为静态特征和动态特征两种。静态特征指对象的外观、性质、属性等；动态特征指对象具有的功能、行为等。客观事物是错综复杂的，但人们总是从某一目的出发，运用抽象分析的能力，从众多的特征中抽取最具代表性、最能反映对象本质的若干特征加以详细研究。

人们将对象的静态特征抽象为属性，用数据来描述，在 Java 语言中称之为变量；人们将对象的动态特征抽象为行为，用一组代码来表示，完成对数据的操作，在 Java 语言中称之为方法。一个对象由一组属性和一组对属性进行操作的方法构成。

5.2.1　对象的特征

对象就是我们周围的各种各样的事物。例如：衣服、盘子、宠物、朋友、电脑等。

每个对象都有一些状态(属性)。例如：衣服的颜色、长度、面料等；猫的名字、情绪、

饥饿等。

有些对象会具有一些行为。例如：猫发怒、玩耍、吃食、睡觉等。

对象的行为会改变对象的状态。例如：

玩耍 → 疲劳=True

睡觉 → 疲劳=False

吃食 → 饥饿=False

对象的状态会影响对象的行为。例如：

if(饥饿 == False) → 吃食 return failure

面向对象的程序设计与我们人类观察客观事物的模式相同：用类表示客观事物，用类中的变量表示事物的属性，用函数(方法)表示事物的行为，属性与行为相互作用。

5.2.2 现实对象与软件对象

现实世界中，对象(object)是状态(属性)和行为的结合体，对象随处可见。对象普遍具有的特征是状态和行为。

在开发软件的信息世界中，对象定义为相关数据和方法的集合。对象是现实世界对象的抽象模型。从现实世界对象中抽象出来的对象通过使用数据和方法描述其在现实世界中的状态和行为特征，一般通过变量描述其状态，通过方法实现其行为。变量是一种有名称的数据实体，而方法则是和对象相关的函数或过程。

信息世界中的对象不仅可以表达现实世界中的具体对象，如在动画程序里用一个小狗模型代表现实世界里的小狗，还可以表达现实世界中的一些抽象概念，例如图形用户界面的窗口就是一个抽象概念的对象，它具有大小等状态数据，还具有打开、运动等行为方法。

如果给定了动画程序里小狗的名字、形状、移动速度和移动方法，就有了一个确定的对象，称为实例对象。相应地，和一个实例对象相关的变量称为实例变量，相关的方法称为实例方法。

5.2.3 对象的作用

1. 每个对象都拥有一个接口

尽管我们在面向对象程序设计中实际所做的是创建新的数据类型，但事实上所有的面向对象程序设计语言都使用 Class 关键词来表示数据类型，即类型(Type)一词作为类(Class)来考虑。

既然类被描述成了具有相同特性(数据元素)和行为(功能)的对象集合，那么一个类就是一个数据类型，就像所有浮点型数字具有相同的特性和行为集合一样。可以根据需求，通过添加新的数据类型来扩展编程语言。编程系统对新建的类提供了与内置类型相同的管理和类型检查(Type-checking)。

接口定义了对某一特定对象发出的请求。但是，在程序中必须有满足这些请求的代码。这些代码与隐藏的数据一起构成了实现(implementation)。在类中，每一个可能的请求都有一个方法与之相关联，向对象发送请求时，与之相关联的方法就会被调用。此过程通常被总结为：向某个对象发送消息(产生请求)，这个对象便知道此消息的目的，然后执行对应的程序代码。

如图 5-2 所示，类型/类的名称是 Light，特定的 Light 对象的名称是 lt，可以向 Light 对象发出的请求是：打开、关闭、调亮、调暗。以这种方式创建一个 Light 对象：定义这个对象的“引用(reference)”(lt)，然后调用 new 方法来创建该类型的新对象。

```
Light lt = new Light();
lt.on();
```

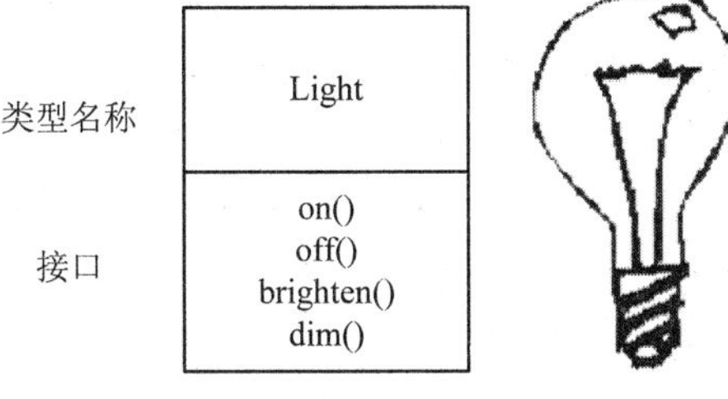

图 5-2　对象拥有接口

2. 每个对象都提供服务

在开发或分析一个程序设计时，最好的方法之一就是将对象想象为“服务提供者(Service Provider)”。程序用于向用户提供服务，通过调用其他对象提供的服务来实现。目标是创建(或者是在现有代码库中寻找)能够提供理想的服务来解决问题的对象集合。

着手开发的方式之一是询问“能否将问题从表象中抽取出来，什么样的对象可以马上解决该问题？”假设正在创建一个记事簿(Bookkeeping)系统，可以分析该系统应具有某些预定义的记事簿输入屏幕的对象，一个执行记事簿运算的对象集合，以及一个用于处理在不同的打印机上打印支票和开发票的对象。也许上述某些对象已经存在，那些并不存在的对象能否提供服务？它们需要哪些对象才能实现其功能？如果一直分析下去，将会发现“那个对象看起来很简单，肯定已经存在了”。这是将问题分解为对象集合的一种合理的思维方式。

将对象看做是服务提供者的好处：它有助于提高对象的内聚性(cohesiveness)。高内聚是软件设计的基本质量要求之一。这意味着一个软件构件(可以是一个对象，也可是一个方法或一个对象库)的各个方面“组合(fit together)”得很好。人们在设计对象时所面临的一个问题是将过多的功能都融合在一个对象中。

5.2.4　对象的创建

1. 对象的声明

创建一个类时，即创建了一种新的数据类型，用来声明该种类型的对象。然而，要获得一个类的对象需要两个步骤：(1) 必须声明该类的一个变量，这个变量没有定义一个对象，它只是一个能够引用对象的简单变量；(2) 该声明要创建一个对象的实际的物理拷贝，并把对于该对象的引用赋给该变量。这是通过使用 new 运算符实现的。new 运算符为对象动态分配(即在运行时分配)内存空间，并返回对该对象的一个引用。这个引用是 new 分配给对象的内存地址，被存储在变量中。这样，在 Java 中，所有的类对象都必须动态分配。在前面的例子中，用下面的语句来声明一个 Box 类型的对象：

```
Box mybox = new Box();
```

本例将上述两个步骤组合到了一起，可以将该语句改写为下面的形式：

```
Box mybox; // declare reference to object
mybox = new Box(); // allocate a Box object
```

第一行声明了 mybox，并把它作为 Box 类型对象的引用。当本句执行后，mybox 包含的值为 null，表示它没有引用对象。这时任何引用 mybox 的操作都将导致一个编译错误。

第二行创建了一个实际的对象，并把对于它的引用赋给 mybox，即可以把 mybox 作为 Box 的对象来使用。但实际上，mybox 仅仅保存实际的 Box 对象的内存地址。这两行语句的效果如图 5-3 所示。

声 明	效 果
Box mybox;	mybox null
mybox = new Box();	Mybox 0x543765ff → Width / Height / Depth

图 5-3　对象的声明

2. 使用 new 操作符

new 运算符用于动态地为一个对象分配地址，它的通用格式如下：

```
class-var = new classname( );
```

其中，class-var 是所创建类类型的变量，classname 是被实例化的类的名字。类后的圆括号指定了类的构造函数。构造函数用来定义当创建一个类的对象时将发生什么。构造函数是所有类的重要组成部分，并有许多重要的属性。大多数类在其内部显式地定义了构造函数。如果一个类没有显式地定义其构造函数，那么 Java 将自动提供一个默认的构造函数。对类 Box 的定义就是这种情况。现在，我们将使用默认的构造函数。

new 运算符是在运行期间为对象分配内存的。这样程序在运行期间便可以创建所需的内存。但是，内存是有限的，因此 new 操作符有可能由于内存不足而无法给一个对象分配内存。

注意：一个对象变量并没有实际包含一个对象，而仅仅引用了一个对象。

在 Java 中，任何对象变量的值都是对存储在另外一处的一个对象的引用。new 操作符的返回值也是一个引用。例如：

```
Date deadline = new Date();
```

该语句中，表达式 new Date()构造了一个 Date 类型的对象，并且它的值是对新创建对象的引用，这个引用被存储在变量 deadline 中。将对象变量设置为空(null)，表示对象变量目前没有引用任何对象。例如：

```
deadline = null;
...
if(deadline != null){
    System.out.println(deadline);
}
```

如果将一个方法应用于一个值为 null 的对象上，就会产生运行错误。例如：

```
birthday = null;
String s = birthday.toString();      //报空指针异常
```

变量不会自动地初始化为 null，而必须调用 new 对变量进行初始化或将变量设置为 null。

5.2.5　对象的封装

封装是面向对象的方法所应遵循的一个重要原则。它有两个含义：一个含义是指把对象的属性和行为看做是一个密不可分的整体，将这两者“封装”在一个不可分割的独立单位(即对象)中；另一个含义指“信息隐蔽”，把不需要让外界知道的信息隐藏起来，有些对象的属性及行为允许外界用户知道或使用，但不允许更改，而另一些属性或行为则不允许外界知晓，或只允许使用对象的功能，而尽可能隐蔽对象的功能实现细节。

封装机制在程序设计中表现为，把描述对象属性的变量及实现对象功能的方法合并在一起，定义为一个程序单位，并保证外界不能任意更改其内部的属性值，也不能任意调动其内部的功能方法。

封装机制的另一个特点是，为封装在一个整体内的变量及方法规定了不同级别的“可见性”或访问权限。例如：

```
public class ClassName {
    public void className(){
        int a = 4;
        int b = 5;
        int sum = a + b;
        System.out.println(sum);
    }
}
public class Test {
    public static void main(String[] args) {
        ClassName c = new ClassName();
        c.className();
    }
}
```

5.3　HelloWorld 实例分析

1. HelloWorld 实例概述

第 1 章的“Hello World”应用程序只是一个最简单的例子，我们希望通过它来了解运行过程。我们再次列出其代码：

```
/*
*需要注意的是，类的首字母在命名规则里必须要大写，类的名字和 class 后面的那个名字必须相同
*/
public class HelloWorld{
    public static void main(String args[]){
        System.out.println("Hello World!");
}}
```

应用程序“Hello World!”由三个主要部分构成：源代码注释、HelloWorld 类定义和 main 方法。

2. main 方法

在 Java 编程语言中，每个应用程序都必须包含 main 方法，它的格式如下：

```
public static void main(String[] args)
```

可以任意安排修饰符 public 和 static 的前后顺序(public static 或 static public)，但是习惯的用法是 public static。可以把参数命名为任何名称，但是大多数程序员选择使用“args”或“argv”。

main 方法类似于 C 和 C++语言中的 main 函数，它是应用程序的入口点，随后它将调用程序所需的所有其他方法。

main 方法接受的单一参数为：String 类型的元素的数组。例如：

```
public static void main(String[] args)
```

该数组是一种机制，运行时系统通过它把信息传递给应用程序。数组中的每个字符串称为命令行参数(command-line argument)。命令行参数使用户可以影响应用程序的操作，而无需重新编译它。例如，一个排序程序可以允许用户使用“-descending”命令行参数按照降序对数据进行排序。

尽管应用程序“Hello World!”忽略了命令行参数，但是该参数的确存在。

3. 代码实现

下面的代码使用 API 的 System 类把消息“Hello World!”发送到标准控制台进行输出。

```
System.out.println("Hello World!");
```

5.4　成 员 方 法

Java 类的成员方法(Method)是描述对象所具有的功能或操作，反映对象的行为，是具

有某种相对独立功能的程序模块。Java 的成员方法与子程序、函数(Function)等概念相当。

在 Java 中，定义方法的格式如下：

```
返回值类型 方法名(形式参数){
    方法体;
}
```

一个类或对象可以有多个成员方法，对象通过执行它的成员方法对传递来的消息作出响应，完成特定的功能。

成员方法一旦定义，便可在不同的程序段中多次调用，故可增强程序结构的清晰度，提高编程效率。从成员方法的来源看，可将成员方法分为以下几类：

(1) 类库成员方法。这是由 Java 类库提供的，用户只要按照 Java 提供的调用格式去使用这些成员方法即可。

(2) 用户自定义的成员方法。这是为了解决用户的特定问题，由用户自己编写的成员方法。程序设计的主要工作就是编写用户自定义类、自定义成员方法。

从成员方法的形式看，又可将成员方法分为：无参数无返回类型成员方法、带参数无返回类型成员方法、无参数带返回类型成员方法、带参数带返回类型成员方法。

5.4.1　void 返回方法

main()方法的返回值类型是 void。void 的意思就是空的、什么也没有，所以它表示 main()方法无任何返回值。

```
void print(){
    System.out.println("Hello World!");
}
```

方法 print()的返回值类型为 void，所以它实际上没有任何返回值，也就无法这样调用：

```
x = 对象.print();
```

print()方法调用执行后，不会返回任何值，所以，无法为变量 x 赋值。我们应该像下面这样调用：

```
对象. print();
```

这样调用之后，当程序执行到这一条语句时，就会打印出一条“Hello World! ”。

即使是无返回值的 void 方法，我们也可以在其中使用 return 语句。在执行完方法需要返回时，使用下面的语句：

```
return;
void print(){
    System.out.println("Hello World!");
    return;
}
```

当然结果还是不会返回任何值，只是表示方法执行完毕。如果 return 后面还有语句，编译器就会报错。

5.4.2 无参方法

无参方法是指形式参数为空，即没有形式参数的方法。例如：

```
void print(){
    System.out.println("Hello World!");
    return;
}
```

print()方法是一个无参方法，调用它时，括号里为空，而且也没有返回值。例如：

```
对象.print();
public class HelloWorld{
    public static void main(String[] args){
        HelloWorld hw = new HelloWorld();
        hw.print();
        System.out.println("Hello World!");
}
void print(){
        System.out.println("Hello World!");
    }
}
```

程序的运行结果如下：

```
Hello World!
Hello World!
```

5.4.3 多参方法

多参方法是指有一个或多个形式参数的方法，这些形式参数之间使用逗号分隔。例如：

```
int sum(int a, int b){
    return a + b;
}
```

如果像下面这样调用它，就会把返回值 5 赋给变量 x。

```
x = 对象.sum(2,3);
```

在上述代码中，我们把 2 赋给了 a，把 3 赋给了 b。

下面的 multiply ()方法有 3 个整型参数，返回类型为 int，它会返回 3 个整数的乘积。

```
int multiply(int a, int b, int c){
    return a*b*c;}
```

下面的调用将给变量 x 赋值为 20。

```
x = 对象. multiply (2,3,4);
public class Account{
public static void main(String args[]){
    Account acc = new Account();
```

```
        int sum = acc.sum(2,3);
        int multiply = acc.multiply(2,3,4);
        System.out.println("总和：" + sum);
        System.out.println("乘积：" + multiply);
    }
    public int multiply(int a, int b, int c){
        return a * b * c;
    }
        public int sum(int a, int b){
        return a + b;
    }
}
```

程序的运行结果如下：

```
总和：5
乘积：24
```

5.5　局部变量和成员变量

局部变量在方法内部声明，并且也只能在方法内部使用。局部变量在调用外层的方法时被分配内存，并且在方法执行完毕后自动释放内存而消失。方法中的形式参数就是局部变量的一种。

```
int ten(int a){
    int x = 10;
    return a * x;
}
```

上述代码中的 a 和 x 都是 ten 方法里的局部变量，它们只能在该方法内部使用。如果不调用 ten()方法，局部变量 a 和 x 就不会存在。只有调用该方法，系统才会给它们分配内存，并且在该方法执行完毕返回后，局部变量 a 和 x 将会自动释放内存而消失。在使用局部变量之前，必须先对其进行初始化。初始化就是在声明变量的同时给它们赋值。

```
int a = 10; //已经初始化
int b; //尚未初始化
String s1 = new String("abc");    //已经初始化
String s2; //尚未初始化
```

请看下面的例子，并观察输出结果。

```
public class Print{
    public static void main(String[] args){
        int a;
        System.out.println(a);
```

```
        }
    }
```

程序的运行结果如下：

```
Exception in thread "main" java.lang.Error: Unresolved compilation problem:
    The local variable a may not have been initialized
```

变量 a 在 main 方法内部创建，它是一个局部变量。因为变量 a 没有被初始化，所以不知道它的值是多少，控制台便无法打印。

成员变量是在整个类里定义的变量，它们在整个类里都有效。如果成员变量未被初始化，那么对于基本数据类型变量，系统将自动赋值为 0；对于引用数据类型变量，系统将自动赋值为 null。例如：

```
public class Print{
    int a;
    int b = 100;
    String c;
    String d = "Hi~~~";
  public static void main(String args[]){
    System.out.println(a);
    System.out.println(b);
    System.out.println(c);
    System.out.println(d);
  }
}
```

程序的运行结果如下：

```
0
100
null
Hi~~
```

null 的意思是空，它是一个常数，表示未引用任何对象。如果引用中不包含任何对象，那么该引用的值就为 null。

5.6　静态变量与静态方法

静态变量的声明如下：

```
static int a;
```

我们可以这样调用静态变量：

```
类.a = 10;
对象.a = 10;
```

静态变量是所有对象共有的变量，它可以在不创建对象的情形下直接被调用。例如：

```
public class Print{
    static int a;                                   //static 变量
    int b;                                          //成员变量
    public static void main(String args[]){
        Print.a = 10;
        Print p1 = new Print();
        Print p2 = new Print();
        System.out.println(p1.a);
        p1.a = 20;
        System.out.println(p2.a);
        p2.a = 30;
        System.out.println(Print.a);
    }
}
```

程序的运行结果如下：

```
10
20
30
```

其中，Print.a、p1.a 和 p2.a 都是指同一个变量，即静态变量 a 也被称为“类变量”。

静态方法在不创建对象的情形下也可以被调用。main()方法就是静态方法，它在程序执行时，由 JVM 自动调用，而不用先创建对象。

Java 中除了静态变量，还有静态方法，静态方法使用的修饰符也是 static。例如：

```
static String print(){
    return "Hello World!";
}
```

可以使用下面两种方法调用静态方法：

```
String x = 类.print();
String x = 对象.print();
```

例如：

```
public class Print{
    static String print()    {
        return "Hello World!";
}
public static void main(String[] args){
    System.out.println(Print.print());
    Print p = new Print();
    System.out.println(p.print());
}}
```

程序的运行结果如下：

```
Hello World!
Hello World!
```

5.7　包的定义与导入

package(包)是 Java 中非常重要的一个概念，它是接口和类的集合，或者说是接口和类的容器。Java 语言提供了大量的类，这些类根据功能的不同，被分别放在不同的包中。Java 中的包可以被理解成目录，如图 5-4 和图 5-5 所示。

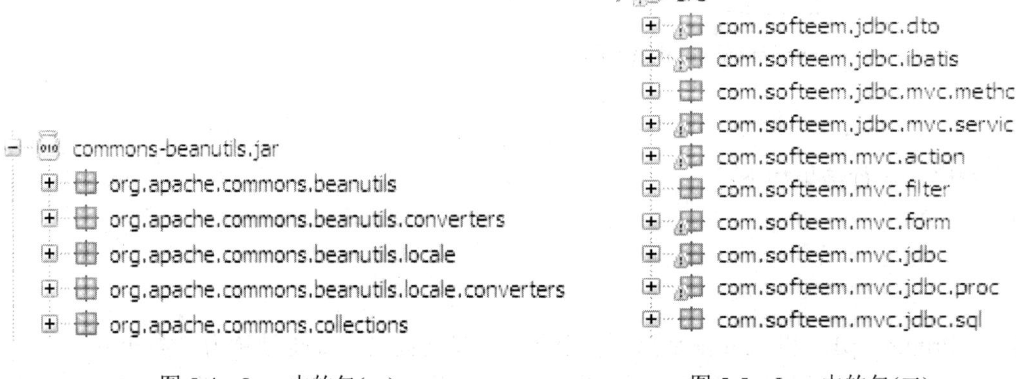

图 5-4　Java 中的包(一)　　　　图 5-5　Java 中的包(二)

图 5-4 和图 5-5 是两个典型的包的例子，从中不难发现它们的命名规则：com(公司)/org(组织).公司名(Java)/apache(组织名).jdbc(包的主要功能)/beanutils.dto(更具体的功能)。包里存放的是 class(类)或 interface(接口)，如图 5-6 所示。

com.softeem.hrmanager.resume.dto
InterviewDTO.java 1.3
ProcessDTO.java 1.3
ResultDTO.java 1.3
ResumeDTO.java 1.4

图 5-6　包里的类和接口

我们可以看到在名为 dto 的包里存放的全部是 dto 类，规范地对包命名，有条理地放置类，可以使我们的后期工作轻松不少。例如：

```
//表示这个类在 com.Java.string.method 包里
package com.Java.string.method;
public class Print {
    public void print(){
        System.out.println("Hello World!");
    }
```

```
}
```

然后我们再新建一个包，在其中建立一个类来调用方法：

```
package com.Java.testPackage;
//这条语句表示这个类导入了 com.Java.string.method 包里的 Print 类
import com.Java.string.method.Print;
public class TestPackage {
    public static void main(String[] args) {
        Print p = new Print();
        p.print();
    }
}
```

程序的运行结果如下：

```
Hello World!
```

需要注意的是，只有在同一个工程下的包才能导入，其他工程中的包是无法导入的。

Java 引入包的概念是为了方便用户创建自己的类库，并进行有效的管理。在设计大中型项目时，需要使用大量的类，把这些类按照一定的功能分类，分别集中放置，可以更有效地进行管理。

5.8 访问控制符

Java 中，访问控制符(access modifier)的种类如下：

(1) 出现在成员变量或成员方法之前的访问控制符：private、protected、public、default。

(2) 出现在类之前的访问控制符：public、default。

下面我们来了解这些访问控制符的作用。

如果一个变量或方法被 private 修饰，那么这个变量或方法就只能在当前的类里被调用。例如：

```
public class Print {
    private int a = 10;
    private void print(){
        System.out.println("Hello World!");
    }
}
```

那么，只有在 Print 类里才能调用 print 方法和 a 变量。

这就称为隐藏性或封装性。图 5-7 描述了封装的含义。对象的数据及其行为对外是不可见的，但是，它对外提供了一系列的接口来实现与外部的通信。外部只能通过对象的接口来访问对象。例如，我们在使用 Windows 的安全关机时，点击关机图标，系统就会关机并切断电源。执行这一操作不需要我们去了解计算机内部是如何实现的。计算机这个对象对外隐藏了许多内部细节，只提供外部接口，用户可以通过这些接口去控制它。

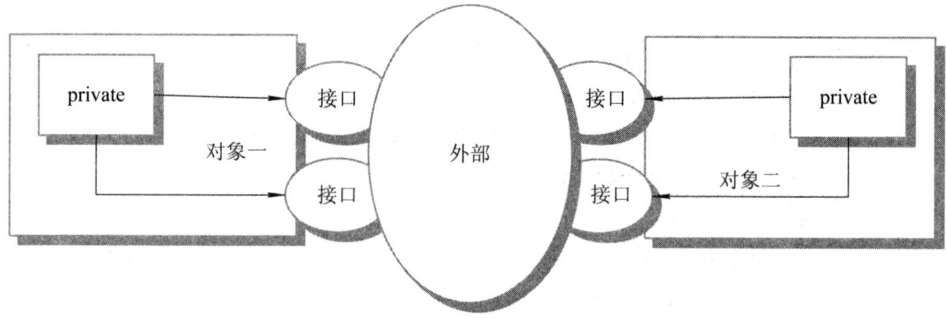

图 5-7　封装

没有经过封装的程序不能称为面向对象的程序。

如果一个变量或方法被 protected 修饰，那么它可以被同一个包中的类和其他包中的子类所访问。

如果一个变量或方法被 public 修饰，那么该变量或方法叫做公有成员，可以被所有类访问。

如果一个变量或方法没有被任何修饰符修饰，那么其访问权限就是 default，只能被同一个包中的类访问。

下面是对这四种访问权限的总结：

private：仅在类的内部可以访问。

protected：同一个包中的类，或者位于其他包中的子类都可以访问。

public：所有的类都可以访问。

default：只有同一个包中的类才能访问。

可以出现在类之前的访问控制符有 public 和 default，public 表示所有类都可以访问，default 表示只有同一个包中的类才能访问。

5.9　重　　载

重载 (overload)是指在同一类中存在 2 个或 2 个以上的同名方法，它们的参数声明不同。例如：

```
public class Print{
    public void print(){
        System.out.println("Hello World!");
    }
    public void print(String str){
        System.out.println(str);
    }
    public void print(String str, String str1){
        System.out.println(str + " " + str1);
    }
```

```
        public static void main(String args[]){
            Print p = new Print();
            p.print();
            p.print("Hello World……");
            p.print("Hello World!", "Hello World……");
        }
    }
```

在上面的 Print 类中有 3 个方法，方法名都是 print，但是它们的参数声明彼此不相同。这是一个重载的例子。

程序的运行结果如下：

```
    Hello World!
    Hello World……
    Hello World! Hello World……
```

我们再看下面的程序：

```
    public class Print{
        public void print(){
            System.out.println("Hello World! ");
        }
        public void print(){
            System.out.println("Welcome to Java World!");
        }
        public String print(){
            String str = "Welcome to Java World!";
            System.out.println(str);
            return str;
        }
    }
```

与第一个例子不同，虽然这个类中的 3 个 print 方法看上去不同，但是它们实际上是相同的，此时编译会报错。

进行方法重载时，要保证方法的参数类型或数量不同，方法的返回类型不同不足以区分是哪个方法。

5.10　类的实例化

除了通过构造函数来初始化成员变量，也可采用其他方式。例如，在定义类的同时为成员变量赋值，那么在创建该类的对象时，其成员变量就会被赋入指定的值。例如：

```
    public class Print{
        int a = 10;
```

```
        static b = 15;
        public static void main(String[] args){
            Print p = new Print();
            System.out.println(p.a);
            System.out.println(Print.b);
        }
    }
```

程序的运行结果如下：

```
    10
    15
```

非静态成员变量只有在创建对象后才能被分配内存，未分配内存的成员变量不可对其进行赋值。那么“int a = 10;”这条语句该如何理解呢？事实上，在 Print 类被实例化时，才执行这条语句，也就是说当通过关键字 new 来创建 Print 类的一个对象时，执行这条语句。

5.11　静态块和实例块

1. 静态块

静态块是在类被加载到内存中时执行的一组语句。例如：

```
    public class Print{
        static int b = 10;
        static{
            System.out.println("Hello World! ");
            b = 30;
        }
        public static void main(String[] args){
            System.out.println("Hello Java! ");
            System.out.println(b);
        }
    }
```

程序的运行结果如下：

```
    Hello World!
    Hello Java!
    30
```

main()方法只有在类加载到内存中后，才会被执行，所以它在静态块之后执行。另外，非静态成员变量不仅不能在静态方法中使用，也不能在静态块中使用。static{…}即静态块，主要用来初始化静态变量和静态方法。

2. 实例块

instance 是指类的实例、类的对象，实例化就是指创建类的对象。从广义上来讲，对象就是类的实例。

实例块在创建类的实例(即创建类的对象)时被执行。构造函数也是在创建类的对象时被执行的，但两者相比，实例块要先于构造函数。例如：

```
public class Print{
    int a;
    {
        System.out.println("实例块");
        a = 10;
    }
    Print(int a){
        System.out.println("构造函数");
        this.a = a;
    }
    public static void main(String[] args){
        Print p = new Print(30);
        System.out.println(p.a);
    }
}
```

程序的运行结果如下：

```
实例块
构造函数
30
```

如果在程序中同时使用实例块和构造函数，就会使代码变得很复杂。因此，在程序中一般较少使用实例块，更常用的是构造函数。例如：

```
public class Print{
    int a;
    {
        System.out.println("实例块");
        a = 10;
    }
    Print(int a){
        System.out.println("构造函数");
        this.a = a;
    }
    public static void main(String[] args){
        Print p = new Print(30);
        System.out.println(p.a);
    }
}
```

习　题

1. 什么是引用数据类型？对象属于引用数据类型吗？

2. 什么是类成员？什么是实例成员？它们之间有什么区别？

3. 判断：数组、类和接口都是引用数据类型。（　）

4. 判断：类 A 和类 B 位于同一个包中，则除了私有成员，类 A 可以访问类 B 的所有其他成员。（　）

5. 下面哪个修饰符修饰的变量是所有同一个类生成的对象共享的？（　）

A．public　　B．private　　C．static　　D．final

6. 下面关于 Java 中类的说法哪个是不正确的？（　）

A．类体中只能有变量定义和成员方法的定义，不能有其他语句

B．构造函数是类中的特殊方法

C．类一定要声明为 public 型才可以执行

D．一个 Java 文件中可以有多个 class 定义

7. 下列哪个类声明是正确的？（　）

A．abstract final class H1｛…｝

B．abstract private move()｛…｝

C．protected private number;

D．public abstract class Car｛…｝

8. 下述哪些说法是正确的？(多选)（　）

A．实例变量是类的成员变量

B．实例变量是用 static 关键字声明的

C．方法变量在方法执行时创建

D．方法变量在使用之前必须初始化

9. 设计一个动物类，包含动物的基本属性，如名称、大小、重量等，并设计相应的动作，如跑、跳、走等。

10. 设计一个长方形类，成员变量包括长和宽。类中有计算面积和周长的方法，并有相应的 set 方法和 get 方法来设置和获得长和宽。编写测试类测试是否达到预定功能。要求使用自定义的包。

第 6 章　Java 的类和对象(下)

本章要点

- ✓ 继承的概念
- ✓ 子类对象的创建
- ✓ this 与 super
- ✓ 继承中的访问控制符
- ✓ 覆盖
- ✓ 多态
- ✓ 引用的范围
- ✓ “==”与 equals( )
- ✓ 类的层级图
- ✓ 抽象类
- ✓ 接口
- ✓ final 关键字
- ✓ 接口与回调
- ✓ Cloneable 接口与 Enumeration 接口

6.1　继承的概念

继承一般指接受来于自父母的财产；从另一个角度来讲，也可以理解为子女拥有父母所拥有的财产。在面向对象的程序设计(OOP)中，继承的含义与此类似。例如：

Person.java

```
public class Person {
    int age;
    String name;
    void eat() {
    }
    void sleep() {
    }
}
```

Student.java

```
public class Student {
    int age;
    String name;
    float socre;
    void eat() {
    }
    void sleep() {
    }
    void study() {
    }
}
```

由上述程序可知，学生具有人的属性，进而“Student”类也具有“Person”类的所有成员。我们把这种关系叫做继承。

Java 使用关键字 extends 表示“继承”关系：

```
Public class Student extends Person
```

根据 Java 中的“继承”思想，我们重新定义“Person”和“Student”这两个类：

Person.java

```
public class Person {
    int age;
    String name;
    void eat() {
    }
    void sleep() {
    }
}
```

Student.java

```
public class Student extends Person {
    float socre;
    void study() {
    }
}
```

由此，继承于 Person 类的 Student 类便拥有了 Person 类的所有成员。

使用继承可以避免代码的重复编写，不仅如此，继承也能明确表达出类之间的关系。但是如果父类设计不合理，子类也会受到影响。

我们把处于继承关系中的 Person 类称为父类(Super 或 Parent)，把 Student 类称为子类(Sub 或 Child)。例如：

Person.java

```
public class Person {
```

```
    int age;
    String name;
    void eat() {
        System.out.println("民以食为天");
    }
    void sleep() {
    }
}
```

Student.java

```
public class Student extends Person {
    public static void main(String args[]) {
        Student s = new Student();
        s.eat();
    }
}
```

程序的运行结果如下：

```
民以食为天
```

因为 Student 类继承于 Person 类，并拥有 Person 类的所有成员，所以可以直接调用和执行它们。

6.2　子类对象的创建

创建一个类的对象时，系统会调用其构造函数对所属成员变量进行初始化。那么，对于继承于父类的成员又该如何初始化呢？例如：

Print.java

```
public class Print {
    int a;
    Print() {
        a = 10;
        System.out.println("调用父类构造函数");
    }
}
```

Print2.java

```
public class Print2 extends Print {
    int b;
    Print2() {
        b = 20;
        System.out.println("调用子类构造函数");
```

```
    }
    public static void main(String[] args) {
        Print2 p = new Print2();
        System.out.println(p.a + "," + p.b);
    }
}
```

程序的运行结果如下：

```
调用父类构造函数
调用子类构造函数
10,20
```

可见，Print2 类继承了 Print 类，所以 Print2 类便有了 2 个成员变量 a 和 b。Print2 类通过 main 方法先创建 Print2 类的对象 p，然后输出 p.a 与 p.b。然而，从执行结果来看，Print()类的构造函数先被执行，Print2()类的构造函数随后被执行。

创建子类对象时，先执行父类的构造函数，再执行子类的构造函数，最后完成对象的创建，如图 6-1 所示。

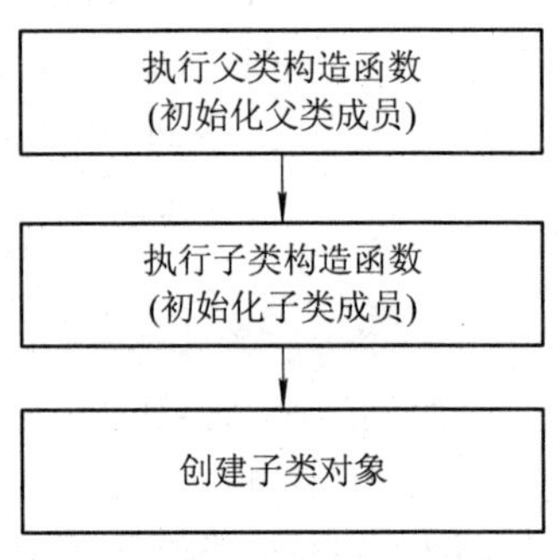

图 6-1　对象的创建

在创建子类对象时，系统先调用父类的构造函数来初始化继承自父类的成员，随后，调用子类构造函数来初始化子类成员。

系统之所以会自动调用父类的构造函数，是因为子类构造函数的最上端隐含着“super();”，下一节将详细讲解 super。

6.3　this 与 super

this 与 this()用来引用自身的成员，而 super 与 super()则用来引用那些继承自父类的成员。

this 表示引用对象自身的引用；this()表示该类的构造函数；super 表示继承而来的成员的引用；super()表示父类的构造函数。

下面以 Student 类和 Person 类为例来进行分析：

Person.java

```
public class Person {
    int age;
    int height;
    public void eat() {
    }
    public void sleep() {
    }
```

```
        Person() { // 构造函数
        }
}
```

Student.java

```
public class Student extends Person {
        int score;
        public void study() {
        }
        Student() { // 构造函数
        }
}
Student s = new Student();
```

可见，Student 类的对象 s 所拥有的成员包括 Student 类中定义的成员和继承自父类 Person 类的成员：score、study()、Student()、age、height、eat()、sleep()和 Person()。其中，后五个是从父类继承而来的成员。this 可以引用对象 s 中除父类构造函数之外的所有成员，而 super 则可引用对象 s 中来自父类的所有成员。

this 可引用的成员包括：score、study()、Student()、age、height、eat()和 sleep()；super 可引用的成员包括：age、height、eat()、sleep()和 Person()。

需要注意的是：this 不能引用父类的构造函数。

一般情况下，除构造函数以外，普通成员都可以使用“this.成员”或“super.父类成员”的形式引用它们，如 this.score、this.study()、this.age、this.height、this.eat()、this.sleep()、super.age、super.height、super.eat()、super.sleep()等；而对于构造函数，则需要使用 this()与 super()进行调用，即 this()自身的构造函数、super()父类构造函数。

this 与 super 的引用范围如图 6-2 所示。

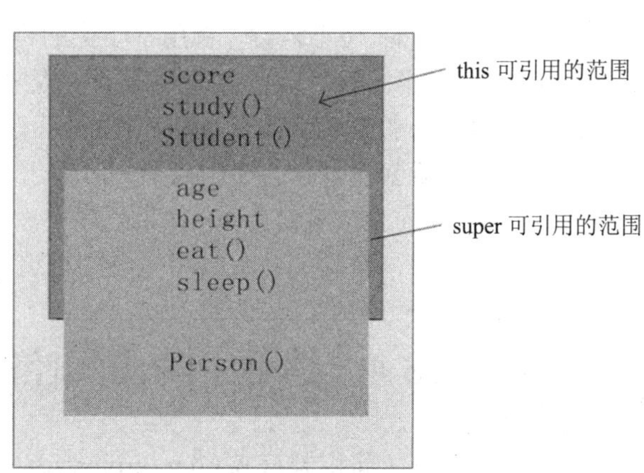

图 6-2　this 与 super 的引用范围

this 的作用是将方法的形式参数与对象的成员变量区分开来(尤其是当两者同名时)，而

super 则是在调用被子类覆盖的父类成员时使用。

在父类构造函数被重载的情况下，可使用 super()来调用父类的构造方法。例如：

Print.java

```
public class Print {
    int a;
    Print() {                // 第一行，构造函数
        a = 1;
    }
    Print(int a) {           // 第二行，构造函数
        this.a = a;
    }
}
```

Print2.java

```
public class Print2 extends Print {
    int b;
    Print2(int a, int b) {        // 第三行，构造函数
        super(a);                 // 第四行
        this.b = b;               // 第五行
    }
    public static void main(String[] args) {
        Print2 p = new Print2(10, 20);            // 第六行
        System.out.println(p.a + "," + p.b);      // 第七行
    }
}
```

程序的运行结果如下：

```
10, 20
```

上述程序中注释所标识的“//第六行”调用了子类的构造函数，将转而执行“//第三行”的构造函数，当执行到“//第四行”时，super(a)将调用父类中形式参数为 a 的构造函数。所以“//第二行”被执行，a 被赋值为 10。随后，“//第五行”被执行，b 被赋值 20。最后，程序返回“//第六行”，将新创建对象的引用赋给 p。

如果去掉“//第四行”，a 将被赋值为 1。如果程序中没有调用父类的构造函数，编译器将自动插入“super();”命令，自动调用父类中无参的构造函数。

6.4　继承中的访问控制符

在上一章我们已经学过访问控制符 public、protected、private 和 default。父类中成员的访问控制符也会影响子类。由于父类成员的访问控制符的不同，子类中的父类成员有的可以被访问，有的则无法被访问。例如：

Print.java

```
public class Print {
    private int a;                        // 第一行 private
    public void setA(int a) {             // 第二行 public
        this.a = a;
    }
    int getA() {                          // 第三行 default
        return a;
    }
}
```

Print1.java

```
public class Print1 extends Print {
    public void test() {
        int a = 10;                       // 第四行
        97eta(20);                        // 第五行
        System.out.println(getA());  // 第六行
    }
    public static void main(String[] args) {
        Print1 p = new Print1();
        p.test();
    }
}
```

上述程序中，“//第四行”的 a 是继承自父类的成员，但是父类中的成员 a 在“//第一行”被 private 已经修饰了，所以子类无法访问它，进而“//第四行”会报错。所以要使用成员 a 只能像“//第五行”和“//第六行”那样使用。

假设类 Parent 在 com.Java.test 包中，定义如下：

Parent.java

```
public class Parent {
    protected int a;
    protected void print() {
        // …
    }
    void print1() {
        // …
    }
}
```

自继承 Parent 的类 Child 位于不同的包中，例如：

```
public class Child extends Parent {
    void print1() {
```

```
        int a = 10;            // 可以调用
        print();               // 可以调用
        Print1();              // default 不允许其他包中的类访问其修饰的成员，因此也不能调用
        }
}
```

6.5 覆　　盖

子类拥有与父类相同的成员情况叫做覆盖 (override)。成员变量覆盖要求变量名相同，成员方法覆盖则要求方法名、形式参数和返回值类型都相同。

Java 中有四种访问权限：private、default、protected 和 public，权限范围递增如果子类去重写父类的方法，方法的权限默认和父类是一样的，也可以修改，但只能使用和父类权限相同或比父类权限更大的控制符，而不能使用比父类权限小的控制符。即只能加大权限，不能缩小权限。例如父类是 protected，重写时可以修改为 public；但如果父类是 public，重写就只能是 public。

覆盖父类成员的目的在于通过在子类中重新定义而扩展父类功能。

在学习覆盖之前，先列举一段重载的程序：

Print.java

```
public class Print {
    int a;
    public void print() {
        System.out.println("123");
    }
    public void print(int a) { // 成员方法的重载
        a = 10;
        System.out.println(a);
    }
}
```

下面是覆盖的程序：

Print.java

```
Public class Print {
    int a = 10;
    private void print(int a) {
        System.out.println(a);
    }
}

Public class Print1 extends Print {
```

```
    int a = 20; // 成员变量的覆盖
    protected void print(int a) { // 增大访问权限的覆盖
        System.out.println(this.a); // 子类重定义成员
        System.out.println(super.a); // 继承自父类的成员
    }
    public static void main(String[] args) {
        Print1 p = new Print1();
        p.print(p.a);
    }
}
```

程序的运行结果如下：

```
20
10
```

在上述程序中，super.a 与 this.a 共存于子类 Print1 中，成员变量的覆盖并不意味着父类的同名成员消失。事实上，成员变量的覆盖并不多见，覆盖真正的强大之处在于成员方法的覆盖。例如：

```
public class Print {
    public void print() {
        System.out.println("Hello World!");
    }
}

public class Print1 extends Print {
    public void print() {
        super.print();
        System.out.println("Hello!");
    }
}
```

程序的运行结果如下：

```
Hello World!
Hello!
```

如上例所示，通过覆盖继承自父类的方法，实现了方法功能的扩展或变更。这就是覆盖父类方法的目的所在。

需要注意的是，override(重写或覆盖)与 overload(重载)二者不可混淆。

6.6 多 态

多态本意是“拥有多种形态”。在 Java 中，它指的是拥有相同的形式，但根据不同的

情形拥有不同机能的特性。

例如，“数字 + 数字 = 数字”，而“数字+ String 字符串= String 字符串”。根据不同情形，“+”运算符拥有不同的功能，可以说“+”具有多态性。

尽管通过重载或覆盖方法拥有相同的名字，但在不同情形下它们的功能仍有所不同。

例如，联想电脑和戴尔电脑都继承了电脑类，所以它们都拥有电脑类的方法“CPU 型号()”。联想电脑的 CPU 型号是 INTEL 的，而戴尔电脑的 CPU 型号是 AMD 的，所以这两个子类的“CPU 型号()”方法各有不同的定义。程序如下：

Computer.java

```
public class Computer {
    public void cpuType() {// CPU 型号()方法
        System.out.println("电脑的 CPU 有多种型号");
    }
}
```

Lenovo.java

```
public class Lenovo extends Computer {
    public void cpuType() {// CPU 型号()方法
        System.out.println("联想电脑采用 INTEL 酷睿 2 双核处理器");
    }
}
```

Dell.java

```
public class Dell extends Computer {
    public void cpuType() {// CPU 型号()方法
        System.out.println("戴尔电脑采用 AMD 速龙三核处理器");
    }
}
```

Print.java

```
public class Print {
    public static void main(String[] args) {
        Lenovo l = new Lenovo();
        Dell d = new Dell();
        l.cpuType();
        d.cpuType();
    }
}
```

程序的运行结果如下：

```
联想电脑采用 INTEL 酷睿 2 双核处理器
戴尔电脑采用 AMD 速龙三核处理器
```

通过对继承自父类的 CPU 型号()方法作不同功能的定义，可以扩展 CPU 型号()方法的功能。这正是面向对象程序设计实现多态性的原因。

6.7 引用的范围

父类型的引用变量可以引用子类的对象。例如：

```
Computer c = new Computer();
Computer lenovo = new Lenovo();
Computer dell = new Dell();
```

引用变量 lenovo 和 dell 可以引用 Computer 类的对象，lenovo 还可以引用 Lenovo 类的对象，dell 还可以引用 Dell 类的对象。但是，这样会限制引用的范围。在 Lenovo 类的对象成员中，引用变量 lenovo 仅能引用继承自 Computer 类的成员与被覆盖的成员，无法对 Lenovo 类中定义的成员进行引用。

父类型引用变量的引用范围：继承自父类的成员+被覆盖的成员。例如：

Print.java

```
public class Print {
    int a;
    public void print() {
            }
}
```

Print1.java

```
public class Print1 extends Print {
    int b;
    public void print() {
        // …
    }
    public void prints() {
        // …}
}
```

创建 Print1 类的对象，并使父类型的引用变量引用此对象：

```
Print p = new Print1();
```

父类型的引用变量 p 所引用的对象是基于子类(Print1)创建的一个对象。所以，p 可引用的成员包括：成员变量 a 与被覆盖的方法 print()；无法引用的成员包括：成员变量 b 和成员方法 prints()。如果调用 p.print()，则实际上调用的是子类的 print()方法，因为父类的 print()方法已经被子类的覆盖了。例如：

Print.java

```
public class Print {
    int a = 10;
    public void print() {
        System.out.println("这是父类的 print()方法");
```

```
        }
    }

    public class Print1 extends Print {
        int b = 20;
        public void print() {
            System.out.println("这是子类的 print()方法");
        }
        public void prints() {
            System.out.println("这是父类没有的 prints()方法");
        }
    }

    public class TestPrint {
        public static void main(String[] args) {
            Print p = new Print1();
            p.a = 20; // 正确
            p.print(); // 正确
            p.b = 30; // 错误，不能引用
            p.prints(); // 错误，不能引用
        }
    }
```

将上述代码“p.b=30”和“p.prints()”注释为错误的代码，运行之后，结果如下：

```
这是子类的 print()方法
```

6.7.1 引用变量的类型转换

下面仍以电脑的类为例，将代码修改如下：

```
Computer c = new Lenovo();
Lenovo l = c;    //第一行
```

可见，将父类型的引用变量赋值为子类型的引用变量是允许的，但是反之则不允许。所以第一行代码是错误的，可以对父类的引用变量进行类型转换，把它转换为子类的类型，那么赋值将被允许：

```
Computer c = new Lenovo();
Lenovo l = (Lenovo)c;
```

Computer.java

```
public class Computer {
    public void cpuType() {
        System.out.println("电脑的 CPU 有多种型号");
    }
```

```
}
```

Lenovo.java

```
public class Lenovo extends Computer {
    public void cpuType() {
        System.out.println("联想电脑采用 INTEL 酷睿 2 双核处理器");
    }

    public void price() {
        System.out.println("联想电脑售价仅 3999 元");
    }
}
```

Test.java

```
public class Test {
    public static void main(String[] args) {
        Computer c = new Lenovo();
        Lenovo l = (Lenovo) c;
        l.cpuType(); //  调用子类 cpuType()方法
        l.price(); // c 不能引用 price()方法
    }
}
```

程序的运行结果如下：

```
联想电脑采用 INTEL 酷睿 2 双核处理器
联想电脑售价仅 3999 元
```

将代码改成如下所示：

```
Computer c = new Computer();
Lenovo l = (Lenovo)c;
```

上述代码虽然没有语法错误，但是由于 c 引用的对象为 Computer 型，所以在把它转换为 Lenovo 型的时候会发生异常。

6.7.2　Object 类与 Object 型引用变量

在 Java 中，所有的类都会自动继承一个类，这个类就是对象(Object)类。即 Object 类是所有类的父类。所以，Java 的所有对象都拥有 Object 类的成员。Object 类具有下列几种常用的方法：

(1) 比较 2 个对象，如果相同则返回 true，否则返回 false，即

```
equals(Object obj)
```

(2) 返回该对象的字符串表示，即

```
toString()
```

(3) 控制线程，包括 3 种方法，即

```
wait()
```

```
wait(long timeout)
wait(long timeout, int nanos)
```

(4) 返回对象的 Hash 码，Hash 码是标识对象的唯一值。所以，Hash 码相同的对象是同一对象，即

```
hashCode()
```

(5) 对象销毁时被调用，即

```
finalize()
```

例如：

```
public class TestHashCode {
    public static void main(String[] args) {
        String s1 = new String("abc");
        String s2 = s1; // s2 引用 s1 对象
        String s3 = s2; // s3 引用 s2 对象
        System.out.println(s1.hashCode());
        System.out.println(s2.hashCode());
        System.out.println(s3.hashCode());
    }
}
```

程序的运行结果如下：

```
96354
96354
96354
```

在上面这段代码中，s1、s2、s3 引用了同一个对象，所以它们有相同的 Hash 码。如果用 equals 比较 s1、s2、s3 则会返回 true。

Object 类是所有类的父类，所以 Object 型引用变量可以用来引用所有的对象。例如：

```
public class Print {
    public static void main(String[] args) {
        Object[] ob = new Object[3];        // 声明一个长度为 3 的 Object 数组
        ob[0] = new String("abc");
        ob[1] = new Integer(5);
        ob[2] = new Boolean(true);
        for (int i = 0; i < ob.length; i++) {
            System.out.println(ob[i]);
        }
    }
}
```

程序的运行结果如下：

```
abc
5
```

```
True
```

上面是一个非常简单的 Object 型引用变量的例子。既然 Object 可以引用任何类型，那么如何判断它引用的是什么类型呢？Java 提供了关键字 instanceof，可用来进行类型判断。例如：

```
public class TestObject {
    public static void main(String[] args) {
        Object[] ob = new Object[2];
        ob[0] = new String("abc");
        ob[1] = new Integer(1);
        for (int i = 0; i < ob.length; i++) {
            if (ob[i] instanceof String) {
                System.out.println("对象为 String 类型");
            } else {
                System.out.println("对象不是 String 类型");
            }
        }
    }
}
```

程序的运行结果如下：

```
对象为 String 类型
对象不是 String 类型
```

6.8　“==”与 equals()

当 2 个对象的值相等时，一般都采用“=”来表示；在计算机语言中需采用“==”，而“=”则是赋值运算符。例如：

```
public class TestEquals {
    public static void main(String[] args) {
        String a = new String("abc");
        String b = new String("abc");
        if (a == b) {
            System.out.println("2 个变量相等");
        } else {
            System.out.println("2 个变量不相等");
        }
    }
}
```

程序的运行结果如下：

```
2 个变量不相等
```

为什么会出现这样的结果呢？在大多数高级语言中，包括 Java，“==”的作用是判断 2 个变量或者对象的内存地址是否相等。在上述程序中，a 和 b 的内存地址明显是不同的，所以结果当然不相等。那如何判断 2 个不同内存地址的变量或对象的值是否相等呢？Java 提供了 equals()方法，用于判断 2 个变量或对象的 Hash 码是否相等，若相等则判定它们是相同的。

下面用 equals()重新实现上述程序：

```
public class TestEquals {
    public static void main(String[] args) {
        String a = new String("abc");
        String b = new String("abc");
        if (a.equals(b)) {
            System.out.println("2 个变量相等");
        } else {
            System.out.println("2 个变量不相等");
        }
    }
}
```

程序的运行结果如下：

```
2 个变量相等
```

注意：equals()只能对非简单数据类型的对象进行比较，Java 中的 8 种基本数据类型不能用这个方法进行判断。Java 需对 8 种简单类型进行如下定义：Integer(int)、Float(float)、Boolean(boolean)、String(char)、Byte(byte)、Short(short)、Long(long)、Double(double)，它们不再是简单数据类型，因而可以用 equals()方法来进行比较了。

如果不需要区别大小写来判断 2 个字符串是否相等，则使用另一种方法：equalsIgnoreCase()。例如：

```
public class Test {
    public static void main(String[] args) {
        String a = "abc";
        String b = "ABC";
        if (a.equalsIgnoreCase(b)) {
            System.out.println("2 个字符串相同");
        } else {
            System.out.println("2 个字符串不同");
        }
    }
}
```

程序的运行结果如下：

```
2 个字符串相同
```

6.9 类的层级图

基于继承的概念，每个类都具有一个层级关系，如图 6-3 所示。

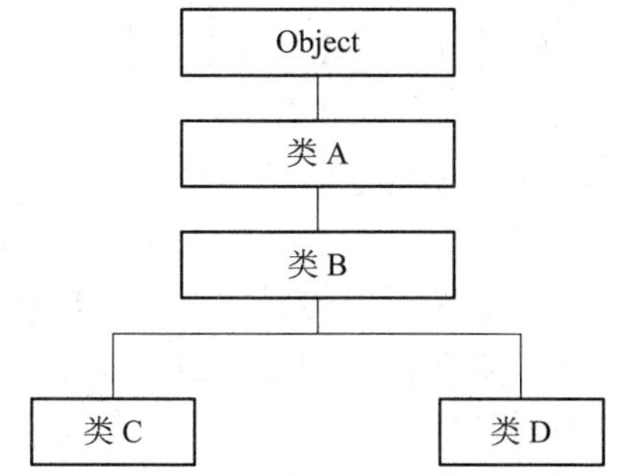

图 6-3　类的层级图

图 6-3 是一个简单类的层级图，其中 Object 类是所有类的父类，然后 B 类继承于 A 类，C 类和 D 类继承于 B 类。程序如下：

```
public class A {
    public void print() {
        System.out.println("this is class A");
    }
}
public class B extends A {
    public void show() {
        System.out.println("this is class B");
    }
}
public class C extends B {
}
public class D extends B {
}
```

上面这 4 个类正是反映了图 6-3 的情况。

```
public class Test {
    public static void main(String[] args) {
        C c = new C();
        c.print();
        c.show();
    }
}
```

程序的运行结果如下：

```
this is class A
this is class B
```

可见，子类不仅可以继承父类的方法，也可以继承父类的父类的方法。

6.10　抽　象　类

我们知道所有的对象都是通过类来描述的，反之，并不是所有的类都用来描述对象。如果一个类中未包含足够的信息来描述一个具体的对象，这样的类就叫做抽象类。抽象类用来表征对问题领域进行分析、设计中得出的抽象概念，是对一系列看上去不同，但是本质上相同的具体概念的抽象。例如，我们都知道三角可以是一种形状，也可以是一个具体的物体，但却没有“形状”这种具体的东西，要描述“形状”的概念就要用到抽象类。因此在 Java 中抽象类是不允许被实例化的。例如：

```
/**
 * 形状的抽象类
 * @author Java
 */
public abstract class Shape {
    //……
}
/**
 * 三角形
 * @author Java
 */
public class Triangle extends Shape {
    //……
}
// 实例化抽象类：形状
Shape shape = new Shape();
// 实例化类：三角形
Triangle triangle = new Triangle();
```

上述程序中，实例 shape 是无法被创建出来的，但是 triangle 却可以。

在面向对象领域，抽象类主要用来进行类型隐藏。什么是类型隐藏呢？我们可以构造出一个固定的一组行为的抽象描述，但是这组行为却能有任意个可能的具体实现方式。这个抽象描述就是抽象类，而这一组任意个可能的具体实现则表现为所有可能的派生类。比如说，形状是一个抽象类，三角形、正方形、圆形就是具体实现的派生类，我们就可以用形状类型来隐藏三角形、正方形和圆形的类型。程序如下：

```
/**
```

```
 * 正方形
 * @author Java
 */
public class Square extends Shape {
    //......
}
/**
 * 圆形
 * @author Java
 */
public class Circle extends Shape {
    //......
}
// 实例化类：三角形
Shape triangle = new Triangle();
// 实例化类：正方形
Shape square = new Square();
// 实例化类：圆形
Shape Circle = new Circle();
```

上面三个实例 triangle、square、Circle 均以 Shape 类型来声明，但是存储的却是 Shape 派生类的实例。

由此不难发现，抽象类在 Java 语言中表示的是一种继承关系，一个类只能使用一次继承关系。要想使得继承关系合理，父类和派生类之间必须存在"is a"关系，即父类和派生类在概念本质上应该是相同的。

在抽象类的定义中，我们可以赋予方法的默认行为。也就是说，如果相同类型的类具有同样功能的方法，这时就可以将这些方法提取出来封装成一个抽象类。

通常我们会根据每个派生类的不同功能而重写继承于抽象类的方法。比如上例中的三角形、正方形、圆形，每种图形都有各自不同的计算面积方式。每一种"形状"都有对应的面积计算方式，以面向对象的角度出发，需在形状(Shape)的抽象类中声明一个计算面积的方法(getArea)。例如：

```
Public abstract class Shape {
    public abstract float getArea();
}
```

在其派生类(triangle、square、Circle)中实现计算面积的算法如下：

```
Public class Triangle extends Shape {
  public int width;                    // 宽度
  public int height;                   // 高度
  public float getArea() {
    return this.width * this.height / 2;
```

```
        }
    }
    public class Square extends Shape {
        public int width;                // 宽度
        public int height;               // 高度
        public float getArea() {
            return this.width * this.height;
        }
    }
    public class Triangle extends Shape {
        public float Pi = 3。1415926f;    // 宽度
        public int radius;               // 高度
        public float getArea() {
            return this.Pi * this.radius * this.radius;
        }
    }
```

其中，抽象类表示该类中可能已经有一些方法的具体定义。具体的使用方法如下：

(1) 在继承抽象类时，必须覆盖该类中的每一个抽象方法，而每个已实现的方法必须和抽象类中指定的方法一样，接收相同数目和类型的参数，具有同样的返回值。

(2) 当父类已有实际功能的方法时，该方法在子类中可以不必实现，直接引用的方法，子类也可以重写该父类的方法(继承的概念)。

(3) 抽象类不能产生对象，但可以由它的实现类来声明对象。

6.11　接　　口

Java 中的接口是一系列方法的声明，也是一些方法特征的集合。一个接口只有方法的特征而没有方法的实现，因此这些方法可以在不同的地方被不同的类实现，从而具有不同的行为(功能)。接口是一种特殊形式的抽象类。

接口把方法的特征和方法的实现分割开来。这种分割体现为接口，常常代表一个角色，它封装了与该角色相关的操作和属性，而实现这个接口的类便是扮演这个角色的演员。一个角色由不同的演员来扮演，而不同的演员之间除了扮演一个共同的角色之外，并不要求其他的共同之处。

也就是说，我们并不要求接口的实现者和接口定义在概念本质上是一致的，仅仅是实现了接口定义的约定而已。接口表示的是“like a”关系。

Java 接口本身没有任何实现，因为 Java 接口不涉及表象，只描述 public 行为，所以 Java 接口比 Java 抽象类更抽象化。Java 接口的方法只能是抽象的，Java 接口不能有构造器，Java 接口的常量属性只能是 public、static 和 final。

Java 不允许出现多重继承，所以如果要实现多个类的功能，就需要通过多个接口来实现。

假如要设计一个报警门(AlarmDoor)，本质上是门(Door)，同时它具有报警功能，我们应该如何来设计？

抽象类在 Java 语言中表示一种继承关系，所以对于 Door 这个概念，应用抽象类来实现。代码如下：

```
/**
 * 门
 * @author Java
 */
public interface IDoor {
    /**
     * 开门
     */
    void open();
    /**
     * 关门
     */
    void close();
}
```

另外，AlarmDoor 又具有报警功能，说明它能完成报警概念中定义的行为，所以报警概念可以通过接口方式实现，代码如下：

```
/**
 * 报警装置
 * @author Java
 */
public interface IAlarm {
    /**
     * 报警功能
     */
    void alarm();
}
```

报警门结合了门与报警装置的功能。代码如下：

```
/**
 * 报警门
 * @author Java
 */
public class AlarmDoor implements IDoor, IAlarm {
    public void close() {
        // ...
```

```
        }
        public void open() {
            // ...
        }
        public void alarm() {
            // ...
        }
    }
```

通过接口，可以方便地对已经存在的系统进行自下而上的抽象，对于任意两个类，不管它们是否属于同一个父类，只要它们存在相同的功能，就能从中抽象出一个接口类型。对于已经存在的继承树，可以方便地从类中抽象出新的接口，但从类中抽象出新的抽象类却并不容易，因此接口更有利于软件系统的维护与重构。对于两个系统，通过接口交互比通过抽象类交互能获得更好的松耦合。

接口是构建松耦合软件系统的重要法宝，由于接口用于描述系统对外提供的所有服务，因此接口中的成员变量和方法都必须是 public 类型的，确保外部使用者能访问它们，接口仅仅描述系统能做什么，但不指明如何去做，所有接口中的方法都是抽象方法，接口不涉及和任何具体实例相关的细节，因此接口没有构造方法，不能被实例化，也没有实例变量。

6.12　final 关键字

final 关键字有三个用途：一个用来创建一个已命名常量的等价物，其他两个则应用于继承。使用 final 关键字可阻止方法重载，只需在方法前定义 final 修饰符即可，也就是说声明为 final 型的方法不能被重载。下面的程序段阐述了 final 关键字的用法：

```
class A {
    final void meth() {
        System.out.println("This is a final method.");
    }}
class B extends A {
    void meth() {
        // 这样是不合法的，因为父类中的 meth 方法被描述为 final 型
        System.out.println("Illegal!");
    }
}
```

如果 meth( )被声明为 final 型，它不能被 B 重载，就会生成一个编译错误。声明为 final 型的方法可以提高程序的性能：编译器可以自由地内嵌调用 final 型的方法，因为它知道这些方法不能被子类重载。在调用一个小的 final 函数时，通常 Java 编译器可以通过调用方法的编译代码并直接内嵌来备份子程序的字节码，这样可降低方法调用的相关成本。内嵌仅仅是 final 方法的一个可选项。通常，Java 程序在运行时动态地调用方法，这叫做后期绑定

(late binding)；final 方法不能被重载，对方法的调用可以在编译时完成，这叫做早期绑定(early binding)。

在使用 final 关键字阻止继承时，若要防止一个类被继承，则只需在类声明前加 final 既可。声明一个 final 类即表示其所有方法也均为 final 型。声明一个既是 abstract 型又是 final 型的类并不合法，因为抽象类本身是不完整的，它是通过自己的子类来完整实现的。

下面是一个 final 类的例子：

```
final  class A {
    final void meth() {
        System.out.println("This is a final method.");
    }
}
class B extends A      //这样是错误的! 因为 A 是一个 final 类，不能被继承
    void meth() {
        System.out.println("这样是不和法的!");
    }
}
```

如注释所示，B 继承 A 是不合法的，因为 A 被声明为 final 型。

6.13 接口与回调

接口可以看做是方法和常量的一个集合。与抽象类相似，接口中的方法只是进行了声明，而没有定义任何具体的操作。Java 语言不支持多继承，是为了使语言本身更加简洁，但却限制了语言的功能。使用接口可以解决 Java 语言中不能多继承的问题。

在定义接口之后，可在另外一个类的声明中使用关键字 implements，声明该类实现某个或者多个接口，同时在类中实现接口中的所有方法。Java 程序中，类获得接口中的声明的方法并不能视为继承，因为接口只是提供了某种功能的规范描述而没有具体实现。所以类引用接口不能叫做继承而叫做实现。

使用接口前先要进行声明。声明接口的格式如下：

```
access interface IName {
    return-type method-name1(parameter-list);
    return-type method-name2(parameter-list);
    type final-varname1 = value;
    type final-varname2 = value;
    return-type method-nameN(parameter-list);
    type final-varnameN = value;
}
```

其中，access 可以用 public 修饰符，也可以不用修饰符，当它声明为 public 时，接口可以被任何代码使用；当没有访问修饰符时，则默认访问范围，而接口就成为包中定义的唯一

可以用于其他成员的内容。IName 是接口名，它可以是任何合法的标识符。注意定义的方法没有方法体，它们以参数列表后的分号作为结束。其实质是抽象方法，即在接口中指定的方法没有具体实现，而是实现接口的类以实现所有的方法。

接口声明中可以声明变量。变量一般是 final 型和 static 型，其值不能通过类的实现而改变，必须通过常量值进行初始化。如果接口被声明为 public 型，则所有方法和变量均为 public 型。

下面是一个接口定义的例子。它声明了一个简单的接口，该接口包含一个带单个整型参数的 callback( )方法。

```
interface Callback {
    void callback(int param);
}
```

一旦接口被定义，就可用通过一个或多个类来实现该接口。为实现一个接口，需在类的定义中包含 implements 子句，并创建接口定义的方法。一个包含 implements 子句的类的一般格式如下：

```
access class classname [extends superclass] [implements interface [,interface...]] {
    //
}
```

其中，access 可以用 public 修饰符，也可以不用修饰符。当以一个类实现多个接口时，这些接口之间用逗号分隔。如果用一个类实现两个类，这两个类声明了同样的方法，那么该方法将被其中任一个接口使用。实现接口的方法必须被声明为 public 型，而且实现方法的类型必须严格与接口定义中指定的类型相匹配。下面是一个小的实现 Callback 接口的程序：

```
public class Client implements Callback {
    // 实现了 Callback 接口
    public void callback(int p) {
        // 实现接口的方法
     }
        System.out.println("callback called with " + p);
    }
}
```

注意：callback( )用 public 访问修饰符声明。

通常，允许类在实现接口时定义其附加的成员。例如：

```
class Client implements Callback {
        public void callback(int p) {
        System.out.println("callback called with " + p);
    }
    void nonIfaceMeth() {
        System.out.println("lasses that implement interfaces? many also define other members, too.");
    }
}
```

任何实现了所声明接口的类的实例都可以被这样的一个变量引用。当通过这些引用调用方法时，在实际引用接口的实例的基础上，方法被正确调用。这是接口的最显著特性之一。被执行的方法在运行时可动态操作，并且允许在调用方法代码后创建类。调用代码在完全不知“调用者”的情况下可以通过接口来调度。

注意：因为 Java 在运行时动态查询方法与通常的方法调用相比消耗的时间长，所以在对性能要求高的代码中不建议使用接口。

下面的程序通过接口引用变量调用 callback( )方法：

```
public class TestIface {
    public static void main(String args[]) {
        Callback c = (Callback) new Client();
        c.callback(42);
    }
}
```

程序的输出如下：

```
callback called with 42
```

注意：变量 c 被定义成接口类型 Callback，而且被一个 Client 实例赋值。尽管变量 c 可以用来访问 callback()方法，但是它不能访问 Client 类中的其他任何成员。一个接口引用变量仅仅知道被它的接口定义声明的方法。因此，变量 c 不能用来访问 nonIfaceMeth( )，因为变量是由 Client 而不是 Callback 定义的。

```
public class AnotherClient implements Callback {
    //实现接口
    public void callback(int p) {
        System.out.println("Another version of callback");
        System.out.println("p squared is " + (p * p));
    }
}
```

测试类如下：

```
public class TestIface2 {
    public static void main(String args[]) {
        Callback c = new Client();
        AnotherClient ob = new AnotherClient();
        c.callback(42);
        c = ob; // c now refers to AnotherClient object
        c.callback(42);
    }
}
```

程序的输出如下：

```
callback called with 42
Another version of callback
```

```
P squared is 1764
```

可见，被调用的 callback( )的形式取决于程序运行时变量 c 引用的对象类型。为了进一步理解接口的功能，以一个名为 Stack 的类为例来说明。该类实现了一个简单的固定大小的堆栈。此外，还有很多方法可以实现堆栈，无论堆栈怎样实现，堆栈的接口都保持不变。因为堆栈的接口与其实现是分离的。下面的程序定义了一个整数堆栈接口，将其保存在 IntStack.java 文件中。该接口将被两个堆栈使用。

```
//定义一个整数型的堆栈接口
public interface IntStack {
    void push(int item);
    int pop();
}
```

下面的程序创建了一个名为 FixedStack 的类，该类用于实现一个固定长度的整数堆栈。

```
public class FixedStack implements IntStack {
    private int stck[];
    private int tos;
        FixedStack(int size) {
        stck = new int[size];
        tos = -1;
    }
        public void push(int item) {
        if (tos == stck.length - 1)
            System.out.println("Stack is full.");
        else
            stck[++tos] = item;
    }
        public int pop() {
        if (tos < 0) {
            System.out.println("Stack underflow.");
            return 0;
        } else
            return stck[tos--];
    }
}
class IFTest {
    public static void main(String args[]) {
        FixedStack mystack1 = new FixedStack(5);
        FixedStack mystack2 = new FixedStack(8);
            for (int i = 0; i < 5; i++)
            mystack1.push(i);
```

```
            for (int i = 0; i < 8; i++)
                mystack2.push(i);
            System.out.println("Stack in mystack1:");
            for (int i = 0; i < 5; i++)
                System.out.println(mystack1.pop());
            System.out.println("Stack in mystack2:");
                for (int i = 0; i < 5; i++)
                mystack1.push(i);
            for (int i = 0; i < 8; i++)
                mystack2.push(i);
            System.out.println("Stack in mystack1:");
            for (int i = 0; i < 5; i++)
            System.out.println("Stack in mystack2:");
            for (int i = 0; i < 8; i++)
                System.out.println(mystack2.pop());
        }
    }
```

下面是 IntStack 的另一个实现。通过运用相同的接口定义，IntStack 创建了一个动态堆栈。在创建过程中，每一个堆栈都被设定一个初始长度。如果超过初始化长度，那么堆栈的大小将增加，运行时需要更多的空间，堆栈的大小也随之成倍增加。

```
public class DynStack implements IntStack {
    private int stck[];
    private int tos;
    DynStack(int size) {
        stck = new int[size];
        tos = -1;
    }
    public void push(int item) {
        // 如果堆栈满，则扩展堆栈大小
        if (tos == stck.length - 1) {
            stck = new int[stck.length * 2]; //扩展两倍
            int[] temp = null;
            for (int i = 0; i < stck.length; i++) {
                temp[i] = stck[i];
            }
            stck = temp;
            stck[++tos] = item;
        } else
            stck[++tos] = item;
```

```
        }
        public int pop() {
            if (tos < 0) {
                System.out.println("Stack underflow.");
                return 0;
            } else
                return stck[tos--];
        }
    }
```

下面的类是测试 DynStack 类：

```
    public class IFTest2 {
        public static void main(String args[]) {
            DynStack mystack1 = new DynStack(5);
            DynStack mystack2 = new DynStack(8);
            for (int i = 0; i < 12; i++)
                mystack1.push(i);
            for (int i = 0; i < 20; i++)
                mystack2.push(i);
            System.out.println("Stack in mystack1:");
            for (int i = 0; i < 12; i++)
                System.out.println(mystack1.pop());
        }
    }
```

下面的类运用了 FixedStack 和 DynStack 来实现，它通过一个接口引用完成，即在程序运行时实现对 push( ) 和 pop( )的调用，而不是在编译时调用。

```
    public class IFTest3 {
        public static void main(String args[]) {
            IntStack mystack;
            DynStack ds = new DynStack(5);
            FixedStack fs = new FixedStack(8);
            mystack = ds;
            for (int i = 0; i < 12; i++)
                mystack.push(i);
            mystack = fs;
            System.out.println("Values in fixed stack:");
            for (int i = 0; i < 8; i++)
                System.out.println(mystack.pop());
        }
    }
```

该程序中，mystack 是 IntStack 接口的一个引用。因此，当它引用 ds 时，即可使用 DynStack 实现所定义的 push( )和 pop( )方法。当它引用 fs 时，则使用 FixedStack 定义的 push( )和 pop( )方法。通过接口引用变量获得接口的多重实现是 Java 实现运行时多态的最有效的方法。

当使用接口引入多个类的共享常量时，只需声明包含变量初始化的接口即可。如果一个类中包含该接口(也就是说实现了接口)，所有的这些变量名都将被视为常量。这与在 C/C++语言中用头文件来创建大量的 #defined 常量或 const 声明相似。如果接口不包含方法，那么包含这种接口的类并不实现什么功能。这就像类在类名字空间引入了常量作为 final 变量。下面的程序运用了上述方法来实现一个自动的“作决策者”：

```
interface SharedConstants {
    int NO = 0;
    int YES = 1;
    int MAYBE = 2;
    int LATER = 3;
    int SOON = 4;
    int NEVER = 5;
}
```

下面是 SharedConstants 的实现类：

```
import java.util.Random;
public class Question implements SharedConstants {
    Random rand = new Random();
    int ask() {
        int prob = (int) (100 * rand.nextDouble());
        if (prob < 30) {
            return NO; // 30%
        } else if (prob < 60) {
            return YES; // 30%
        } else if (prob < 75) {
            return LATER; // 15%
        } else if (prob < 98) {
            return SOON; // 13%
        } else {
            return NEVER;
        }
    }
}
```

下面也是 SharedConstants 的实现类：

```
public class AskMe implements SharedConstants {
    static void answer(int result) {
```

```
            switch (result) {
            case NO:
                System.out.println("No");break;
            case YES:
                System.out.println("Yes");break;
            case MAYBE:
                System.out.println("Maybe");break;
            case LATER:
                System.out.println("Later");break;
            case SOON:
                System.out.println("Soon");break;
            case NEVER:
                System.out.println("Never");break;
            }
        }
        public static void main(String args[]) {
            Question q = new Question();
            answer(q.ask());
            answer(q.ask());
            answer(q.ask());
            answer(q.ask());
        }
    }
```

注意该程序利用了 Java 的一个标准类 Random，该类用于提供伪随机数。它包含若干个方法，通过这些方法可以获得程序所需形式的随机数。上述程序中用到了 nextDouble( ) 方法，它用于返回 0.0～1.0 之间的随机数。在子程序中定义了两个类 Question 和 AskMe，均实现了 SharedConstants 接口。该接口中又定义了 NO、YES、MAYBE、SOON、LATER 和 NEVER。每个类中，代码直接引用了这些变量。下面是该程序的输出(注意每次运行结果不同)：

```
YES
NO
LATER
NO
```

接口可以扩展，即通过关键字 extends 被其他接口继承。当一个类实现了一个继承自另一接口的接口时，它必须实现接口继承链表中定义的所有方法。例如：

```
// 一个接口可以继承其他接口
interface A {
    void meth1();
    void meth2();
```

```
}
// 接口 B 现在包含的接口 A 的方法
interface B extends A {
    void meth3();
}
// 一个类实现了一个接口，就必须实现该接口的所有方法
class MyClass implements B {
    public void meth1() {
        System.out.println("Implement meth1().");
    }
    public void meth2() {
        System.out.println("Implement meth2().");
    }
    public void meth3() {
        System.out.println("Implement meth3().");
    }
}
public class IFExtend {
    public static void main(String arg[]) {
        MyClass ob = new MyClass();
        ob.meth1();
        ob.meth2();
        ob.meth3();
    }
}
```

假如没有 MyClass 中 meth1( )的实现，就会导致编译出现错误。前面讲过，任何实现接口的类必须实现该接口定义的所有方法，包括从其他接口继承的任何方法。包和接口是 Java 编程环境中的重要部分，所有用 Java 编写的程序和小应用程序都被包含在包中。用一个数字也可能实现接口。

6.14　Cloneable 接口与 Enumeration 接口

前文讲述的传递调用，即如果引用了方法的形式参数，那么也可以引用由参数传递的对象。然而，有时需要复制对象，并将对象的副本传递给方法。我们把复制对象的过程称为克隆。具体过程如下：

```
void f(SomeObject ob) {                    // 某方法
}
SomeObject so = new SomeObject();          // 某方法
```

```
F("so 的副本");                              // 将 so 对象传递给参数
```

Java 在产生对象副本时，遵从以下规定：

(1) 创建该对象的类必须实现 Cloneable 接口。

(2) 创建该对象的类必须覆盖 Object 类的 clone()方法。Clone()方法会返回对象的副本。

下面的程序演示了生成对象副本的方法：

```
public class Cloneablel implements Cloneable {
    String s;
    int a;
    public Cloneablel(String s, int a) {
        this.s = s;
        this.a = a;
    }
    // 返回自身副本，覆盖
    protected Object clone() throws CloneNotSupportedException {
        try {
            return super.clone();                    // 调用 Object 类的 close()方法
        } catch (CloneNotSupportedException e) {
            e.printStackTrace();
            return null;
        }
    }
    public static void main(String[] args) {
        Cloneablel obj1 = new Cloneablel("My Name is sdh", 10);
        Cloneablel obj2 = null;
        try {
            obj2 = (Cloneablel) obj1.clone();        // 生成 ob1 的副本
        } catch (CloneNotSupportedException e) {
            e.printStackTrace();
        }
        System.out.println("原本： " + obj1.hashCode());
        System.out.println("副本： " + obj2.hashCode());
        System.out.println("原本： " + obj1.s + " " + obj1.a);
        System.out.println("副本： " + obj2.s + " " + obj2.a);
    }
}
```

程序的输出结果如下：

```
原本：3526198
副本：7699183
原本：My Name is sdh 10
```

副本：My Name is sdh 10

其中，obj2 为 obj1 的副本，因此两个对象的 Hash 码并不相同。

Enumeration 接口可将接口内部对象封装给定的元素(element)，需要时，可将它们顺次取出来。

Enumeration 接口位于 java.util 包中，此接口包含 hasMoreElement()和 nextElement()两个方法，如下所示：

```
// Enumeration 接口中的方法
//检查内部是否还存在元素，若存在则返回 true，否则返 false
boolean  hasMoreElement();
//返回下一个元素
Object nextElement();
```

下面的程序演示了 Enumeration1 类如何实现 Enumeration 接口：

```
public class Enumeration1 implements Enumeration {
    Object[] date;                  // 定义 Object 的数组
    int count = 0;                  // 下一个待去元素的位置
    public Enumeration1(Object[] date) {
        this.date = date;
    }
    public boolean hasMoreElements() {
        return count < date.length;
    }
    public Object nextElement() {
        if (count < date.length) {
            return date[count++];
        }
        return null;
    }
    public static void main(String[] args) {
        String[] str =
            new String[] { "sdh", "scy", "lj", "lj", "cj", "kby", "hs", "lml" };
        Enumeration1 eum = new Enumeration1(str);
        // 数次取出 eum 中的所有元素
        while (eum.hasMoreElements()) {
            System.out.println(eum.nextElement());
        }
    }
}
```

程序的输出结果如下：

```
sdh
scy
```

```
lj
lj
cj
kby
hs
Lml
```

习　　题

1. 抽象类和接口有什么区别？应怎样理解？
2. 判断下面的程序是否为抽象类，并说明原因。

```
public abstract class SS {
      public void a(){
         }
      public abstract void b();
      }
```

3. 判断下面的程序是否为接口，并说明原因。

```
public interface SS {
        public abstract void a();
        void b();
        void c(){
         }
}
```

4. 根据下面的程序，判断输出结果。

```
public interface Car {
      public void stock();
      public void sell();
      }
public class Benz implements Car {
      public void sell() {
      System.out.println("奔驰卖出去了");
       }
      public void stock() {
       System.out.println("奔驰进货了");
       }
      }
public class Ford implements Car {
      public void sell() {
            System.out.println("福特卖出去了");
```

```
    }
    public void stock() {
        System.out.println("福特进货了");
    }
    }
public class Factory {
    public static Car getCarInstance(String type){
     Car c = null;
     try {
             c=(Car)
     Class.forName("com.Java.simpleFactory."+type).newInstance();
         } catch (InstantiationException e) {
             // TODO Auto-generated catch block
             e.printStackTrace();
         } catch (IllegalAccessException e) {
             // TODO Auto-generated catch block
             e.printStackTrace();
         } catch (ClassNotFoundException e) {
             // TODO Auto-generated catch block
             e.printStackTrace();
         }
     return c;
    }}
public class FactoryDemo {
    public static void main(String[] args) {
     Car c=    Factory.getCarInstance("Ford");
     if(c!=null){
         c.stock();
         c.sell();
     }else{
         System.out.println("没有此类型的车销售");
        }
     }
}
```

5. 说明下列程序要表达的意思。

```
interface VideoCard{
        void display();
        String getName();
    }
class Angda implements VideoCard{
```

```
        String name;
        Angda(){
            name="Angda's videocard";
        }
        Angda(String name){
            this.name=name;
        }
        public void display(){
            System.out.println("Angda's videocard is running");
        }
        public String getName(){
            return name;
        }
    }
class MainBoard{
        String CPU;
        VideoCard vc;
        void setCPU(String CPU){
            this.CPU=CPU;
            System.out.println(CPU);
        }
        void setVideoCard(VideoCard vc){
            this.vc=vc;
            System.out.println(vc.getName());
        }
        void run(){
            System.out.println(CPU+" is running");
            vc.display();
            System.out.println("MainBoard is running");
        }
    }
class Computer{
        public static void main(String[] args){
            Angda a=new Angda();
            MainBoard m=new MainBoard();
            m.setCPU("Intel's CPU");
            m.setVideoCard(a);
            m.run();
        }
    }
```

第 7 章　Java 的常用类

本章要点

- ✓ String 类
- ✓ StringBuffer 类
- ✓ StringBuilde 类
- ✓ Math 类
- ✓ BigInteger 类
- ✓ Arrays 类
- ✓ Date 类
- ✓ Locale 类
- ✓ Random 类
- ✓ Calendar 类
- ✓ Java 执行其他的程序

7.1　String 类

顾名思义，String 是串的意思，String 类是字符串常量的类。需要说明的是，Java 中的字符串和 C 语言中的字符串是有区别的。

在 C 语言中，并没有真正意义上的字符串，字符串就是字符数组；而在 Java 中，字符串常量是一个类，它和字符数组是不同的。

7.1.1　String 类的构造函数

String 类的构造函数有以下几种：

(1) public String()：用来创建一个空的字符串常量。例如：

```
String test = new String();
```

或

```
String test;
test = new String();
```

(2) public String(String value)：用一个已经存在的字符串常量作为参数来创建一个新的字符串常量。例如：

```
String test=new String("Hello, world.");
```

另外值得注意的是，Java 会为每个用双引号(" ")括起来的字符串常量创建一个 String 类的对象。例如：

```
String k="Hi.";
```

即 Java 为" Hi."创建一个 String 类的对象，然后把这个对象赋值给 k。这等同于：

```
String temp=new String(" Hi.");
String k=temp;
```

例如：

```
String test=new String(k);
```

其中，k 是一个 String 类的对象。

(3) public String(char[] value)：用一个字符数组作为参数来创建一个新的字符串常量。例如：

```
char z[]={'h','e','l','l','o'};
String test=new String(z);
```

此时 test 中的内容为"hello"。

(4) public String(char[] value, int offset, int count)：对上一个构造函数的扩充，也就是用字符数组 value，从第 offset 个字符起取 count 个字符来创建一个 String 类的对象。例如：

```
char z[]={'h','e','l','l','o'};
String test=new String(z,1,3);
```

此时 test 中的内容为"ell"。

如果起始点 offset 或截取数量 count 越界，就会产生 StringIndexOutOfBoundsException 异常。

(5) public String(StringBuffer buffer)：用一个 StringBuffer 类的对象作为参数来创建一个新的字符串常量。String 类是字符串常量，而 StringBuffer 类是字符串变量，两者是不同的。StringBuffer 类将在后面介绍。

7.1.2 String 类的方法

String 类的方法包括以下几种：

(1) public char charAt(int index)：用来获取字符串常量中的一个字符。参数 index 用于指定从字符串中返回第几个字符。该方法可返回一个字符型变量。例如：

```
String s="hello";
char k=s.charAt(0);
```

此时 k 的值为'h'。

(2) public int compareTo(String anotherString)：用来比较字符串常量的大小，参数 anotherString 为另一个字符串常量。若两个字符串常量相同，则返回值为 0；若此字符串常量位于参数字符串常量之前(按字典顺序比较)，则返回值小于 0；若此字符串常量位于参数字符串常量之后(按字典顺序比较)，则返回值大于 0。例如：

```
String s1="abc";
String s2="abd";
```

```
int result=s2.compareTo(s1);
```

其中，result 的值大于 0，因为 d 在 ASCII 码中排在 c 的后面。

(3) public String concat(String str)：用于将参数字符串常量 str 连接在当前字符串常量之后，以生成一个新的字符串常量并返回。例如：

```
String s1="How do ";
String s2="you do?"
String ss=s1.concat(s2);
```

注：ss 的值为"How do you do?"。

(4) public boolean startsWith(String prefix)：用于判断当前字符串常量是否以参数 prefix 字符串常量开头，若是，则返回 true，否则返回 false。例如：

```
String s1="abcdefg";
String s2="bc";
boolean result=s1.startsWith(s2);
```

其中，result 的值为 false。

(5) public boolean startsWith(String prefix, int toffset)：用于重载方法中新增的参数 toffset，并指定进行查找的起始点。

(6) public boolean endsWith(String suffix)：用于判断当前字符串常量是否以参数 suffix 字符串常量结尾，若是，则返回 true，否则返回 false。例如：

```
String s1="abcdefg";
String s2="fg";
boolean result=s1.endsWith(s2);
```

其中，result 的值为 true。

(7) public void getChars(int srcBegin, int srcEnd, char dst[], int dstBegin)：用来从字符串常量中截取一段字符串并转换为字符数组。参数 srcBegin 为截取的起始点，srcEnd 为截取的结束点，dst 为目标字符数组，dstBegin 指定截取的字符串在字符数组中的位置。实际上，srcEnd 为截取的结束点加 1，srcEnd−srcBegin 为要截取的字符数。例如：

```
String s="abcdefg";
Char z[]=new char[10];
s.getChars(2,4,z,0);
```

其中，z[0]的值为'c'，z[1]的值为'd'，截取了两个字符(4−2=2)。

(8) public int indexOf(int ch) ：返回值为字符 ch 在字符串常量中从左到右第一次出现的位置。若字符串常量中没有该字符，则返回 −1。例如：

```
String s="abcdefg";
int r1=s.indexOf('c');
int r2=s.indexOf('x');
```

其中，r1 的值为 2，r2 的值为 −1。

(9) public int indexOf(int ch, int fromIndex)：对上一个方法进行重载，新增的参数 fromIndex 为查找的起始点。例如：

```
String s="abcdaefg";
```

```
int r=s.indexOf('a',1);
```

其中，r 的值为 4。

(10) public int indexOf(String str) ：返回字符串常量 str 在当前字符串常量中从左到右第一次出现的位置，若当前字符串常量中不包含字符串常量 str，则返回 –1。例如：

```
String s="abcdefg";
int r1=s.indexOf("cd");
int r2=s.indexOf("ca");
```

其中，r1 的值为 2，r2 的值为 –1。

(11) public int indexOf(String str, int fromIndex)：新增的参数 fromIndex 为查找的起始点。以下 4 种方法用于在字符串常量中从右向左进行查找：

```
public int lastIndexOf(int ch)
public int lastIndexOf(int ch, int fromIndex)
public int lastIndexOf(String str)
public int lastIndexOf(String str, int fromIndex)
```

(12) public int length()：返回字符串常量的长度。这是最常用的一种方法。例如：

```
String s="abc";
int result=s.length();
```

其中，result 的值为 3。

(13) public char[] toCharArray()：用于将当前字符串常量转换为字符数组，并返回。例如：

```
String s="Who are you?";
char z[]=s.toCharArray();
```

(14) public static String valueOf(boolean b)、public static String valueOf(char c)、public static String valueOf(int i)、public static String valueOf(long l)、public static String valueOf(float f)、public static String valueOf(double d)：此 6 种方法可将 boolean、char、int、long、float 和 double 这 6 种类型的变量转换为 String 类的对象。例如：

```
String r1=String.valueOf(true);          //r1 的值为"true"
String r2=String.valueOf('c');           //r2 的值为"c"
float ff=3.1415926f;
String r3=String.valueOf(ff);            //r3 的值为"3.1415926"
```

7.1.3 字符串池

字符串池是 Java 为了提高内存利用率而采用的措施。例如：

```
public static void main(String[] args) {
    String a = "Hello";
    String b = "Hello";
    String c = new String("Hello");
    String d = new String("Hello");
    System.out.println(a == b);
```

```
        System.out.println(b == c);
        System.out.println(c == d);
    }
```

上述程序的运行结果是 true、false、false。

当遇到“String a = "Hello"; ”语句时，Java 会先在字符串池中寻找是否已经存在"Hello"这个字符串，如果没有，则建立字符串"Hello"对象，然后使变量 a 指向这个地址；当遇到语句“String b = "Hello";”语句时，字符串池中已经有 "Hello"了，所以直接使变量 b 也指向这个地址，省去了重新分配的麻烦。在 Java 中，操作符“= =”对于两个基本型来说，用于判断其内容是否相同；对于两个对象来说，则用于判断其地址是否相同，所以 a = = b 返回 true。

如果 String c = new String("Hello")，则不会去访问字符串池，而是先为变量 c 开辟空间，然后将值写入空间。所以 a = = c 返回 false，c = = d 同样返回 false。

7.2　StringBuffer 类

StringBuffer 类提供了 String 类所不支持的添加、插入、修改、删除之类的操作。若想对字符串进行操作，则应使用 StringBuffer 类而不是 String 类。缓冲区(buffer)指存储字符串的内存，即字符数组(char[])。对字符串的任何添加或删除操作都会引起缓冲区长度的改变。

String 类是字符串常量，是不可更改的常量；而 StringBuffer 类是字符串变量，它的对象是可以扩充和修改的。

7.2.1　StringBuffer 类的构造函数

StringBuffer 类的构造函数有以下几种：

(1) public StringBuffer()：用于创建一个空的 StringBuffer 类的对象。默认初始长度为 16 个字符。

(2) public StringBuffer(int length)：用于创建一个长度为 length 的 StringBuffer 类的对象。

注意：如果参数 length 小于 0，就会触发 NegativeArraySizeException 类异常处理。

(3) public StringBuffer(String str)：用一个已存在的字符串常量来创建 StringBuffer 类的对象。其长度为 str 长度+16 个字符。

7.2.2　StringBuffer 类的方法

StringBuffer 类的方法有如下几种：

(1) public String toString()：转换为 String 类对象并返回。由于大多数类中关于显示的方法的参数多为 String 类的对象，所以经常要将 StringBuffer 类的对象转换为 String 类的对象，再将它的值显示出来。例如：

```
StringBuffer sb =new StringBuffer("How are you?");
Label sl = new Label(sb.toString());
```

其中，sl 用于声明一个标签对象，且 sl 中的内容为“How are you?”。

(2) public StringBuffer append(boolean b)、public StringBuffer append(char c)、public StringBuffer append(int i)、public StringBuffer append(long l)、public StringBuffer append(float f)、public StringBuffer append(double d)：这 6 种方法可将 boolean、char、int、long、float 和 double 这 6 种类型的变量追加到 StringBuffer 类的对象的后面。例如：

```
double d = 123.4567;
StringBuffer sb = new StringBuffer();
sb.append(true);
sb.append('c').append(d).append(99);
```

其中，sb 的值为 truec123.456799。

(3) public StringBuffer append(String str)：将字符串常量 str 追加到 StringBuffer 类的对象的后面。

(4) public StringBuffer append(char str[])：将字符数组 str 追加到 StringBuffer 类的对象的后面。

(5) public StringBuffer append(char str[], int offset, int len)：对字符数组 str，从第 offset 个开始取 len 个字符，追加到 StringBuffer 类的对象的后面。

(6) public StringBuffer insert(int offset, boolean b)、public StringBuffer insert(int offset, char c)、public StringBuffer insert(int offset, int i)、public StringBuffer insert(int offset, long l)、public StringBuffer insert(int offset, float f)、public StringBuffer insert(int offset, double d)、public StringBuffer insert(int offset, String str)、public StringBuffer insert(int offset, char str[])：将 boolean、char、int、long、float、double 类型的变量、String 类的对象或字符数组插入到 StringBuffer 类的对象中的第 offset 个位置。例如：

```
StringBuffer sb = new StringBuffer("abfg");
sb.insert(2,"cde");
```

其中，sb 的值为 abcdefg。

7.3　StringBuilder 类

StringBuilder 类提供了一个与 StringBuffer 类兼容的 API，但不能保证同步。该类被设计用做 StringBuffer 类的一个简易替换，在字符串缓冲区被单个线程使用(这种情况很普遍)。如果可能，建议优先采用该类，因为它在大多数实现中比 StringBuffer 类要快。

7.3.1　StringBuilder 类的构造函数

StringBuilder 类的构造函数有以下几种：

(1) public StringBuilder()：构造一个不带任何字符的字符串生成器，其初始容量为 16 个字符。

(2) public StringBuilder(CharSequence seq)：构造一个字符串生成器，它包含与指定的 CharSequence 相同的字符。

(3) public StringBuilder(int capacity)：构造一个不带任何字符的字符串生成器，其初始容量由 capacity 参数指定。

(4) public StringBuilder(String str)：构造一个字符串生成器，并初始化为指定的字符串内容。

7.3.2 StringBuilder 类的方法

StringBuilder 类的方法有以下几种：

(1) public String toString()：转换为 String 类的对象并返回。由于大多数类中关于显示的方法的参数多为 String 类的对象，所以经常要将 StringBuilder 类的对象转换为 String 类的对象，再将它的值显示出来。例如：

```
StringBuilder sbuilder=new StringBuilder("How are you?");
Label sl = new Label(sbuilder.toString());
```

其中，sl 为声明一个标签对象，且 sl 上的内容为“How are you?”。

(2) public StringBuilder append(boolean b)、public StringBuilder append(char c)、public StringBuilder append(int i)、public StringBuilder append(long l)、public StringBuilder append(float f)、public StringBuilder append(double d)：这 6 种方法可将 boolean、char、int、long、float 和 double 这 6 种类型的变量追加到 StringBuilder 类的对象的后面。例如：

```
double d = 123.4567;
StringBuilder sbuilder = new StringBuilder();
sbuilder.append(true);
sbuilder.append('c').append(d).append(99);
```

其中，sb 的值为 truec123.456799。

(3) public StringBuilder append(String str)：将字符串常量 str 追加到 StringBuilder 类的对象的后面。

(4) public StringBuilder append(char str[])：将字符数组 str 追加到 StringBuilder 类的对象的后面。

(5) public StringBuilder append(char str[], int offset, int len)：对字符数组 str，从第 offset 个开始取 len 个字符，追加到 StringBuffer 类的对象的后面。

(6) public StringBuilder insert(int offset, boolean b)、public StringBuilder insert(int offset, char c)、public StringBuilder insert(int offset, int i)、public StringBuilder insert(int offset, long l)、public StringBuilder insert(int offset, float f)、public StringBuilder insert(int offset, double d)、public StringBuilder insert(int offset, String str)、public StringBuilder insert(int offset, char str[])：将 boolean、char、int、long、float、double 类型的变量、String 类的对象或字符数组插入到 StringBuilder 类的对象中的第 offset 个位置。例如：

```
StringBuilder sbuilder = new StringBuilder("abfg");
sbuilder.insert(2,"cde");
```

其中，sbuilder 的值为 abcdefg。

7.3.3 String 类、StringBuffer 类和 StringBuilder 类的效率比较

String 类、 StringBuffer 类与 StringBuilder 类三者最大的区别是：String 类是字符串常

量，StringBuffer 类是字符串变量(线程安全)，StringBuilder 类是字符串变量(非线程安全)。

简要地说，String 类和 StringBuffer 类的主要区别其实在于，String 类是不可变的对象，因此每次在对 String 类进行转换时，都等同于生成了一个新的 String 对象，然后将指针指向新的 String 对象。所以经常改变内容的字符串尽量不要使用 String 类，因为每次生成的对象都会对系统性能产生影响，特别是当内存中的无引用对象较多时，JVM 的 GC(Generational Collection，分代收集)就会开始工作，导致运行速度非常慢。

StringBuffer 类与 StringBuilder 类的用法几乎完全一样，只因 StringBuilder 类是非线程安全的，所以运行速度要比 StringBuffer 类稍快。

需要注意的是：

```
String str = "This is only a" + "simple" + "test";
StringBuffer builder = new StringBuilder("This is only a").append("simple").
append("test");
```

这两个例子中，str 的运行速度要比 builder 快，那是因为 str 实际上是：

```
String str = "This is only a simple test";
```

但是如果字符串来自下列 String 对象，那么速度就没那么快了。

```
String str2="This is only";
String str3="simple";
String str4 ="test";
String str1 = str2 +str3 + str4;
```

这时 JVM 会按照一般程序执行的方式去执行。

7.4　Math 类

Java 中的 java.lang.Math 类提供了大量方法，用于支持各种数学运算及其他有关运算。这些方法均为静态(static)方法，故直接用类名作前缀引用即可。尽管如此，Math 类还是提供了构造函数。

```
private Math(){
//Math 类的构造函数
}
```

一般的对象会在类的外部创建，故对象所属类的构造函数的访问权限控制符为 public 或 default。但是 Math 类的构造函数的访问控制符却为 private，所以我们无法在外部创建出该类的对象。

通常程序设计者只关心 Math 类的方法，而非其对象。比如，在求 sin 值时，只需要调用 Math 类相对应的 sin()方法即可，而不需要创建 Math 类的对象。

```
double a=Math.sin(3.1415926)
```

Math 类无需创建对象，其所有成员皆为静态(static)成员。

Math 类的常量如下：

```
public static final double e=2.7182818;
```

```
//自然对数 e
public static final double p=3.1415926;
//圆周率
```

Math 类的常用方法之一：

```
public  static  double  sin  (double  a)
public  static  double  cos  (double  a)
public  static  double  tan  (double  a)
//返回 sin(a)、cosa(a)、tan(a)的值。A 为弧度值而非角度值
  public static double toRadians(double angdeg)
 //将弧度值转换成角度值
```

例如：

```
    public  class Mahtl{
      double a=Math.sin(Math.PI/2);
      System.out.println(a);
      double b=Math.cos(Math.toRadians(60));
      System.out.println(b);
      System.out.println(Maht.log(Math.s));        //ln(e)
      System.out.println(Math.sqrt(9));            //9 的平方根
}
```

Math 类的常用方法之二：

```
public static double ceil(double a)          //返回一个大于或者小于 a 的最小双精度实数
public static double floor(double a)         //返回一个小于等于 a 的最大双精度实数
public static double rint(double a)          //返回靠近 a 的双精度实数
public static double pow(double a,double)    //返回 a 的 b 次方
public static long random()                  //返回大于等于 0 小于 1 的随机数
```

例如：

```
public class Math2{
public static void main(String args[]){
    Systme.out.println(Math.ceil(3.4));
    Systme.out.println(Math.ceil(-3.4));
    Systme.out.println(Math.floor(3.4));
    Systme.out.println(Math.floor(-3.4));
    Systme.out.println(Math.rint(3.4));
    Systme.out.println(Math.rint (-3.4));
    Systme.out.println(Math.pow(3.4));
    Systme.out.println(Math.randoml(3.4));
    Systme.out.println(Math.randoml(-3.4));
  }
}
```

Math 类的常用方法之三：

```
public static int abs(int a);
public static long abs(long a);          //返回绝对值 a
public static int max(int a,int b);      //返回 a,b 中值较大者
public static int min(int a,int b);      //返回 a,b 中值较小者
```

例如：

```
public class Math3{
  public static void main(String args[]){
    Systme.out.println(Math.abs(-3.4));
    Systme.out.println(Math.min(-3.4));
Systme.out.println(Math.max(-3.4));
  }
}
```

7.5 BigInteger 类

BigInteger 类用来表示大整数。所谓的大整数，是指基本数据类型(int、long)无法存储的整数。BigInteger 常用的构造函数如下：

(1) public BigInteger(String val)：用于将字符串 val 转换成整数，然后创建 BigInteger 对象。

(2) public BigInteger(String val,int radix)：用于将字符串 val 转换成为 radix 进制整数，然后创建 BigInteger 对象。

BigInteger 类的常用方法如下：

(1) public BigInteger abs()：返回绝对值。

(2) public BigInteger add(String val)：将当前对象所含大整数与 val 对象所含大整数相加，并将其和以 BigInteger 对象的形式返回。

(3) public BigInteger divide(BigInteger val)：将当前对象所含大整数与 val 对象所含大整数相除，并将其商以 BigInteger 对象的形式返回。

(4) public int compareTo(BigInteger val)：比较当前对象所含大整数与 val 对象所含大整数。若当前对象所含大整数大于 val 对象所含大整数，则返回 1；若两者相等，则返回 0；否则返回 −1。

(5) public int intValue(),public long longValue()：将当前对象所含大整数转为 int/long 类型，然后返回。

(6) public BigInteger max(BigInteger val), public BigInteger min(BigInteger val)：返回当前对象所含大整数与 val 对象所含大整数中较大者/较小者。

(7) public BigInteger mod(BigInteger val)：将当前对象所含大整数与 m 对象所含大整数取模，并将结果以 BigInteger 对象的形式返回。

(8) public BigInteger multiply(BigInteger val)：将当前对象所含大整数 val 对象所含大整

数相乘，并将其积以 BigInteger 对象的形式返回。

(9) public Bigteger pow(int exponent)：求当前对象所含大整数的 exponent 次方，并将结果以 BigInteger 对象的形式返回。

(10) public Bigteger subtract(BigInteger val)：将当前对象所含大整数与 val 对象所含大整数相减，并将其差以 BigInteger 对象的形式返回。

除此之外，BigInteger 类还提供了很多方法，用于支持各种运算，读者可以自行参考 API 文档。

以下是 BigInteger 类的应用：

```
Import java.math.BigInteger;
public class BigIntegerl{
    BigInteger ai=new BigInteger("123456789123456789");
    BigInteger bi=new BigInteger("123456789123456789");
    BigInteger c=ai.add(bi);
    System.out.println(c);
    BigInteger d= ai.subtract(bi);
    System.out.println(d);
    BigInteger e= ai.multiply(bi);
    System.out.println(e);
    BigInteger f= ai.divide(bi);
    System.out.println(f);
    BigInteger g= new BigInteger("2");
    System.out.println(g);
}
```

程序的运行结果如下：

```
246913578246913578
0
15241578780673678515622620750190521
1
8
```

7.6 Arrays 类

Arrays 类提供了数组整理、比较及检索功能。Arrays 类同 Math 类一样无法创建对象，它的所有方法都是静态方法。

下面是 Arrays 类的常用方法：

(1) public static int binarySearch(double[]a, double key)：在数组 a 中，对 key 值进行二进制检索，并返回 key 所在位置；若 key 不存在，则返回负数。

(2) public static boolean equals(byte[] a, byte[] a2)：比较两个数组 a 与 a2，若两个数组

元素均相同，则返回 true；否则返回 false。

(3) public static void fill(Object []val, Object val2)：将数组 val 中的所有元素填充为 val2。

(4) public static void fill(byte[] a, int fromIndex, int toIndex, byte val)：将数组 a 从 formIndex-toIndex 开始的元素填充为 val。

(5) public static void sort(byte[] a)：对给定的数组 a 进行升序排列。

(6) public static void sort(byte[], int fromIndex, Object toIndex)：将给定的数组 a 从 formIndex-toIndex-1 开始的元素进行升序排列。

顺序查找在任何情况下都可以使用，但是与二分查找(binary search)相比，将进行更多的比较运算。二分查找仅应用于经过整理后的数组，速度比顺序检索更快。例如：

```
import java.util.*;
public class Arrayss {
public static void main(String[] args) {
      int []a=new int[]{54,89,21,56,90,33,25,17,87,65};
      Arrays.sort(a);//整理数组
      for (int i = 0; i < a.length; i++) {
         System.out.print(a[i]+" ");
      }
         System.out.println ("\n89 所在的位置为:"
                           +Arrays.binarySearch(a, 89));
         System.out.println("\n17 所在的位置为:"
                           +Arrays.binarySearch(a, 17));
   }
}
```

程序的运行结果如下：

```
17 21 25 33 54 56 65 87 89 90
89 所在的位置为: 8
17 所在的位置为: 0
```

基本数据类型间可以比较大小，但是对象间如何比较大小呢？对象可以分为可序列化对象与不可序列化对象，也可以分为可比较对象与不可比较对象。这取决于它是否实现了 Comparable 接口。可比较对象的类实现了 Comparable 接口，而不可比较对象则未能实现此接口，所以无法比较。

Comparable 接口的定义如下：

```
public interface Comparable {
public int compareTo(Object obj);}
```

实现 Comparable 接口的类应实现 comparTo()方法，方法的功能描述如下：

```
public int comapraeTo(Object o) {
 //若 this 小于对象 o，则返回负数；若大于对象 o；则返回正数；若两者相等，则返回 0
}
```

例如，有一组四边形对象，比较它们的面积。程序如下：

```
class Sagaks implements Comparable{
private int width;          //矩形宽
private int heigth;         //矩形高
Sagaks(int w,int h){
        this.width=w;
         this.heigth=h;
}
int getArea(){
         return width*heigth;
}
public int compareTo(Object arg0) {
         Sagaks s=(Sagaks )arg0;
         return getArea();
}
public static void main(String[] args) {
         Sagaks s=new Sagaks();
         Sagaks b=new Sagaks();
         System.out.println(s.compareTo(b));
     }
}
```

程序的运行结果如下：

```
-4
```

Arrays 类的 sort(Object[]a)方法使用了 compareTo()，用于在内部进行比较处理。所以，若想对某个对象进行比较，则必须实现 Comparable 接口。

7.7　Date 类

Date 类用来以毫秒数表示特定的日期。例如：

```
public class Date1 {
public static void main(String[] args) {
      // 创建一个代表当前日期和时间的 Date 对象
      Date date = new Date();
      // getTime 方法返回对象包含的毫秒数
      System.out.println(date.getTime());
      System.out.println(date);
   }
}
```

以上程序的打印结果如下：

```
1260580620593
Sat Dec 12 09:17:00 CST 2009
```

Date 类的默认构造方法是调用 System.currentTimeMillis()方法以获取当前时间，new Date()语句等价于 new Date(System.currentTimeMillis())。

7.8　Locale 类

Locale 类用于确定一种专门的语言和区域，通过使用 java.util.Locale 对象来为区域敏感型的对象定制格式化数据以及向用户进行展示。Locale 类会影响用户界面的语言、情形映射、整理(排序)、日期和时间的格式以及货币格式。Locale 类在很多文化背景和语言敏感型的数据操作上的要求很严格。

java.util.Locale 是个轻量级对象，包含为数不多的几个重要成员：一个语言代号、一个国家或者区域的可选项、一个另一形式代号的可选项。

为便于书写 Locale 类，可采用缩写形式。例如：

<language code>[<country code>[<variant code>]]

这三部分内容提供了足够的信息让其他区域敏感型对象为了特定的语言文化来修饰它们的行为。例如，对 java.text.NumberFormat 对象进行格式化后得到的数字与用德语拼写的奥地利和瑞士是有区别的。具体格式输出如表 7-1 所示。

表 7-1　不同 Locale 类的格式化输出

Locale	格式化后得到的数字
German (Germany)	123.456 789
German (Switzerland)	123 456.789
English (United States)	123 456.789

Locale 对象是一个标识符，如 jva.text.NumberFormat、java.text.DateFormat 这样的区域敏感型对象，都会提供本地化的数字或者日期的格式。举例来说，java.text.DateFormat 类在其实例化过程中用 Locale 对象来正确地定出日期的格式。

Locale 类包含了以下内容：

(1) ISO 639：用于制定语言代号。国际标准组织为世界上的大多数语言指定了 2 个或 3 个字母来表示，如 Locale 用 2 个字母代号标识出所需的语言。表 7-2 为 ISO 639 标准中的语言代号。

(2) 语言环境：Locale 类对象中的重要组成部分，用于描述特定用户群的语言，以便为用户提供与其语言一致的用户界面。

当然，Locale 类并不能描述所有的语言。举例来说，即使把 de 作为本地语言代号，仍然不能确定到底是哪一地区的德语，区别在于德语在这些地区是否作为官方语言。可见，语言环境不能完全准确地定义一个区域。

表 7-2　ISO 639 标准中的语言代号

语　言	代　号
Arabic	ar
German	de
English	en
Spanish	es
Japanese	ja
Hebrew	he

(3) 国家(区域)代号：由国际标准 ISO 3166 定义，为世界上的大多数主要区域以及每个国家定义了 2～3 个缩写字母，与语言代号相比，国家代号采用大写字符表示。表 7-3 给出了一些国家代号定义。

表 7-3　ISO 3166 标准中的一些国家代号定义

国　　家	代　　号
China	CH
Canada	CA
France	FR
Japan	JP
Germany	DE

国家代号是 Locale 类的重要组成部分，对应日期的 java.text.Format 对象，时间、数字和货币都对国家代号很敏感，根据国家代号就可以确定 Locale 里的语言到底属于哪部分。例如，加拿大和法国都使用法语，然而确切的用法和语言表达习惯却有所不同，这些不同之处可以用 Locale 中的国家代号来区分即代号 fr_CA(加拿大法语)和 fr_FR(法国法语)。

方言操作系统、浏览器以及其他软件供应商可以用国家代号来提供附加的功能或者语言和国家代号所不能实现的定制。例如，一家软件公司为一特定操作系统指定一个 Locale 类，开发人员为西班牙的 Macintosh 操作系统创建了 es_ES_MAC 或者为 Windows 操作系统创建 es_ES_WIN 的本地化。

构造 Locale 类可采用如下几个方法：

(1) Locale(String language)：根据语言代码构造一个语言环境。

(2) Locale(String language,String country)：根据语言和国家构造一个语言环境。

(3) Locale(String language, String country, String variant)：根据语言、国家和变量构造一个语言环境。

构造函数的用法如下：

(1) new Locale(“en”)：用于创建英语环境。

(2) new Locale(“en”，“CA”)：用于创建加拿大英语环境。

(3) new Locale(“en”，“US”，“SiliconValley”)：用于创建一个美式硅谷英语的 locale。

ISO 639 中 en 代表英语，ISO 3166 中 CA 和 US 分别代表加拿大和美国。new Locale(“en”，“US”，“Silicon Valley”)中可使用一个可选变量 en_US_SiliconValley 创建

Locale 类。例如：

```
import java.text.DateFormat;
import java.util.Date;
import java.util.Locale;
    public class Test {
    public static void test1() {
        Locale lc = Locale.CHINA;
        System.out.println(Locale.getDefault().getDisplayName());
        int dateStyle = DateFormat.FULL;
        int timeStyle = DateFormat.FULL;
        Date date = new Date();
    DateFormat df = DateFormat.getDateTimeInstance(dateStyle,timeStyle,lc);
        System.out.println(df.format(date));
    }
    public static void main(String[] args) {
        test1();
    }
}
```

程序的运行结果如下：

```
中文 (中国)
2010 年 1 月 14 日 星期四 上午 10 时 27 分 33 秒 CST
```

7.9 Random 类

Random 类用于产生随机数，包含在 java.util 包中。

Random 类的构造函数如下：

```
Random()
Random(long seed)
```

Random 类的方法如下：

(1) int nextInt(int　max)：产生一个在 0～max−1 之间的 32 位随机数。

(2) long nextLong(long　max)：产生一个在 0～max−1 之间的 64 位随机数。

(3) float nextFloat()：产生一个在 0.0～1.0 之间的单精度随机数(<1.0)。

(4) double nextDouble()：产生一个在 0.0～1.0 之间的双精度随机数(<1.0)。

(5) boolean nextBoolean()：产生一个布尔随机数(true，false)。

(6) void nextBytes(byte[] b)：产生一个随机 byte 数组。注意：必须为 bye[]数组分配存储空间。

例如，随机产生一个小写字母。程序如下：

```
import java.util.*;
```

```
public class Test {
      public static void main(String[] args) {
      Random rand=new Random();
      int n=rand.nextInt(26)+97 //97='a'
      char c=(char)n;//转换为字母
      }
}
```

7.10　Calendar 类

Calendar 类提供了月历功能，但此功能是由其子类 GregorianCalendar 实现的。

1. GregorianCalendar 类

GregorianCalendar 类的构造函数如下：

GregorianCalendar()：用当前系统日期初始化对象。

GregorianCalenda 的构造方法如下：

(1) int get(int field)：返回与 field 相关的日期，其中 field 是 Calendar 中定义的常数(见静态字段)。例如：get(Calendar.MONTH)表示返回月份(1 月份返回 0；2 月份返回 1)。

(2) void set(int field, int value)：将 field 表示的日期替换为 value 值。例如：set(Calendar.YEAR, 2000)表示将年份设定为 2000 年。

(3) final void set(int year, int value)：设置年/月/日的值为 value。

(4) final void set(int year, int month，int date)：设置年、月、日。

(5) final void set(int year, int month, int date, int hour, int minute)：设置年、月、日、时、分、秒。

(6) final void set(int year, int month, int date, int hour, int minute, int second)：设置年、月、日、时、分、秒和毫秒。

(7) long getTimeInMillis()：获得对象毫秒数。

例如：

```
import java.util.*;
public class Test {
      public static void main(String[] args) {
      GregorianCalendar gre=new GregorianCalendar();          //获得实例
            String
            now=gre.get(Calendar.YEAR)+"-"+gre.get(Calendar.MONTH)+"-"+
            gre.get(Calendar.DATE)+""+gre.get(Calendar.HOUR_OF_DAY)+":"+
            gre.get(Calendar.MINUTE)+       ":"+gre.get(Calendar.SECOND);
            System.out.println(now); //显示当前日期时间
      }
}
```

2. Calendar 类

Calendar 用于获得 Calendar 实例。Calendar 类的构造函数如下：

```
Calendar   Calendar.getInstance()
```

Calendar 类的构造方法如下：

(1) Date getTime()：获得日期。

(2) long getTimeMillis()：转换为毫秒。

(3) void add(int field,int amount)：将 field 代表的内容增加 amount。

(4) int getMaximum(int field)：返回 field 表示日期部分的最大值。

(5) setTime(Date date)：设置日期。

3. 静态字段

YEAR、MONTH、DATE(DAY_OF_MONTH)：分别表示年、月、日。

HOUR、MINUTE、SECOND、MILLISECOND：分别表示时、分、秒和毫秒，HOUR 为 12 小时制。

HOUR_OF_DAY：表示一天中的第几时(为 24 小时制)。

DAY_OF_YEAR：表示一年中的第几天。

WEEK_OF_YEAR：表示一年中的第几周。

WEEK_OF_MONTH：表示一月中的第几周。

DAY_OF_WEEK：表示一周中的第几天(1 表示星期日，2 表示星期一……)。

例如，获得当前日期和时间的程序如下：

```
import java.util.*;
public class Test {
public static void main(String[] args) {
            Calendar cal=Calendar.getInstance();
              int year=cal.get(Calendar.YEAR); //
              int month=cal.get(Calendar.MONTH)+1;
              int day=cal.get(Calendar.DAY_OF_MONTH);
        String   sDate=year+"-"+month+"-"+day+" "+cal.get(Calendar.HOUR)+":"+
                         cal.get(Calendar.MINUTE)+":"+cal.get(Calendar.SECOND);
    }
}
```

7.11 Java 执行其他的程序

在可靠的环境中，可以在多任务操作系统中使用 Java 去执行其他外部的进程(即程序)。Runtime 类中规定了 exec()方法的几种命名、程序运行及其输入参数。exec()方法返回一个 Process 对象，这个对象可以用来控制 Java 程序与正在运行的新进程相互作用。由于 Java 具有跨平台的特性，故为 exec()方法提供了运行环境平台。

使用 exec()方法调用 cmd 的方法如下：

```
import java.io.IOException;
public class Test {
public static void main(String[] args) {
    Runtime r=Runtime.getRuntime();
    try {
        r.exec("cmd /k start dir");
    } catch (IOException e) {
        e.printStackTrace();
    }
}
```

上述程序使用了 exec()方法中较为常见的一种。其中 cmd 表示 Windows 的应用程序 cmd.exe；start 表示打开一个新窗口；/k 表示打开一个新窗口后，原窗口不会关闭；dir 表示 cmd 中用于显示当前文件夹下所有文件和文件夹的命令。

习　　题

1. 编写程序将字符串“Java Good”中的小写字母转换为大写字母，并将大写字母转换为小写字母。

2. 编写程序实现字符串“Dot saw I was Tod”的反转。

3. 编写程序将字符串“ I will never make you cry I would rather die than live without you”中所有的单词输出。

4. 编写程序，找出字符串“java is good”和字符串“I love java”中所共有的字符。

5. 编写程序，将字符串“It's a big dog”中的“big”换成“small”。

6. 编写程序，用 Map 实现学生成绩单的存储和查询并使用泛型，存储学生名和成绩，并通过名字查询成绩。

7. 给定一个整数 1234567，输出它的二进制、八进制和十六进制表示形式。

8. 使用 java.text.SimpleDateFormat 类对日期进行格式化，形式如 2005 年 8 月 10 日。

9. 使用 Random 类随机生成 10 个手机号码。

10. 用 Java 语言调用 cmd 里的 net view。

第 8 章　Java 的集合框架

本章要点

- ✓ Collection 接口
- ✓ List 接口
- ✓ Map 接口
- ✓ Set 接口
- ✓ 集合框架中常用类的区别

1. Java 集合框架简介

到目前为止，我们已经学习了如何创建多个不同的对象，定义了这些对象以后，我们就可以利用它们来做一些有意义的事情。

以雇员记录信息的插入操作为例。假设要存储许多雇员记录，雇员记录之间的区别仅在于雇员的身份证号。我们可以通过身份证号来顺序存储每个雇员记录，但是在内存中是否需要准备足够的内存空间来存储 1000 个雇员记录，然后再将雇员记录逐一插入？如果已经插入了 500 条雇员记录，这时需要再插入一条身份证号较低的新雇员记录，应该是在内存中将 500 条记录全部下移后，再从开头插入新的记录；还是创建一个映射来记录每个对象的位置？在确定如何存储对象的集合时，必须执行的操作主要有以下三种：

(1) 添加新的对象；

(2) 删除对象；

(3) 查找对象。

对于新的对象，可以将其添加到集合的末尾、开头或者中间的某个逻辑位置。

从集合中删除一个对象后，对集合中的现有对象会有什么影响呢？要么将内存数据整体往前移或者往后移，要么存储在现有对象内存位置的下一个存储空间。

在内存中建立对象集合后，必须确定如何定位特定对象。可建立一种机制，利用该机制及根据某些搜索条件(例如身份证号)直接定位到目标对象；否则，便需要遍历集合中的每个对象，直到找到要查找的对象为止。

数组可用来存取一组数据，但它自身存在的一些缺点使得它无法比较方便快捷地完成上述任务。

由于我们需要存储的数据量并不确定，如某个应用系统当前所有的在线用户信息，而当前的在线用户信息时刻都可能在变化。 所以，我们需要一种而能够根据数据量的大小自动改变容器的存储空间，而数组并不能实现这个功能。

再假设一个购物网站，经过一段时间的运行，该网站中存储了一系列的购物清单，且购物清单中包含有商品信息。想要了解某段时间里的商品销售情况，就需自动过滤掉购物清单中商品的重复信息。使用数组是很难实现的。

我们经常会遇到这种情况，在一个地方存放一些用户信息，希望能够通过用户的账号查找到该用户的其他的一些信息。以查字典为例，使用一个空间来存放单词及其解释，能够根据提供的单词在这个空间内找到对应的解释。如果使用数组来实现上述功能，则很困难。

为了解决这些问题，Java 中引入了集合，不同的集合以不同的格式保存对象。为表示和操作集合而规定的一种统一的标准的体系结构则称为集合框架，它包含接口、实现和算法三大块内容。

2. Java 集合框架的结构

集合框架的类继承体系中，最顶层有两个接口：Collection 和 Map，该接口的层次结构如图 8-1 所示。

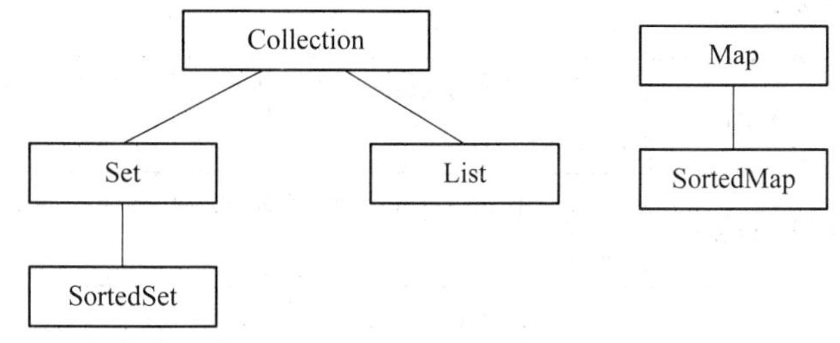

图 8-1　Collection 和 Map 接口的层次结构

Collection 表示一组元素，且元素都按照某种规则进行存储。

Map 表示一组成对的“键-值对”对象，形式上和 Collection 有些相似，但是其元素是成对的对象，这样的设计在实现时不是很方便。

Collection 和 Map 的区别在于：

(1) Collection 的每个位置只能保存一个元素(对象)，包括 List(以特定的顺序保存一组元素)和 Set(元素不能重复)。

(2) Map 保存的是“键-值对”，像一个小型数据库一样可以通过“键”找到该键对应的“值”。

下面学习几种常见接口的基本原理和实现方法。

8.1　Collection 接口

8.1.1　常用方法

Collection 接口用于表示任何对象或元素组。若以常规方式处理一组元素，就需要用 Collection 接口。由图 8-1 框架接口的层次结构可以看出，Collection 接口是 List 和 Set 的父类，定义了作为集合所应拥有的一些方法，如表 8-1 所示。

表 8-1 Collection 常用方法

实 现	操作特性
boolean add(Object)	确保此 Collection 包含指定的元素(可选操作)
boolean addAll(Collection)	将指定 Collection 中的所有元素都添加到此 Collection 中(可选操作)
void clear()	移除此 Collection 中的所有元素(可选操作)
boolean contains(Collenction)	如果此 Collection 包含指定的元素，则返回 true
boolean containsAll(Collection)	如果此 Collection 包含指定 Collection 中的所有元素，则返回 true
boolean equals(Object)	比较此 Collection 与指定对象是否相等
int hashCode()	返回此 Collection 的哈希码值
boolean isEmpty()	如果此 Collection 不包含元素，则返回 true
Iterator<E> iterator()	返回在此 Collection 的元素上进行迭代的迭代器
boolean remove(Objectt)	从此 Collection 中移除指定元素的单个实例，如果存在的话(可选操作)
boolean removeAll(Collection)	移除此 Collection 中那些也包含在指定 Collection 中的所有元素(可选操作)
boolean retainAll(Collection)	仅保留此 Collection 中那些也包含在指定 Collection 的元素(可选操作)
int size()	返回此 Collection 中的元素数
Object[] toArray()	返回包含此 Collection 中所有元素的数组
Object[] toArray(Object[] a)	返回包含此 Collection 中所有元素的数组；返回数组的运行时类型与指定数组的运行时类型相同

注意：集合中只有对象，集合中的元素不能是基本数据类型。

(1) Collection 接口支持如添加和删除等基本操作，当删除一个元素时，如果这个元素存在，则删去的只是集合中该元素的一个实例。如：boolean add(Object element)、boolean remove(Object element)。

(2) Collection 接口还支持查询操作，包括 int size()、boolean isEmpty()、boolean contains(Object element)、Iterator iterator()。Collection 接口支持组操作，要么是对元素组进行操作，要么是对是对整个集合进行操作。

(3) containsAll()方法允许查找当前集合是否包含了另一个集合的所有元素，即另一个集合是否是当前集合的子集。其余方法是可选的，因为特定的集合可能不支持集合更改。addAll()方法确保另一个集合中的所有元素都被添加到当前的集合中，通常称为并。clear()方法用于从当前集合中删除所有元素。 removeAll()方法类似于 clear()，但只除去了元素的一个子集。retainAll()方法类似于 removeAll()方法，不过它从当前集合中删除不属于另一个集合的元素，通常称为交。

Collection 集合类的基本方法如以下代码所示：

```
import java.util.*;
public class CollectionToArray {
```

```
public static void main(String[] args) {
Collection collection1=new ArrayList();        //创建一个集合对象
collection1.add("000");                        //添加对象到 Collection 集合中
collection1.add("111");
collection1.add("222");
System.out.println("集合 collection1 的大小："+collection1.size());
System.out.println("集合 collection1 的内容："+collection1);
collection1.remove("000");               //从集合 collection1 中移除掉 "000" 这个对象
System.out.println("集合 collection1 移除 000 后的内容："+collection1);
System.out.println("集合 collection1 中是否包含 000 ："+collection1.contains("000"));
System.out.println("集合 collection1 中是否包含 111 ："+collection1.contains("111"));
Collection collection2=new ArrayList();
collection2.addAll(collection1);         //将 collection1 集合中的元素全部都加到 collection2 中
System.out.println("集合 collection2 的内容："+collection2);
collection2.clear();                     //清空集合 collection1 中的元素
System.out.println("集合 collection2 是否为空 ："+collection2.isEmpty());
//将集合 collection1 转化为数组
Object s[]= collection1.toArray();
for(int i=0;i<s.length;i++){
System.out.println(s[i]);
}
}
}
```

运行结果如下：

```
集合 collection1 的大小：3
集合 collection1 的内容：[000, 111, 222]
集合 collection1 移除 000 后的内容：[111, 222]
集合 collection1 中是否包含 000：false
集合 collection1 中是否包含 111：true
集合 collection2 的内容：[111, 222]
集合 collection2 是否为空：true
111
222
```

注意：Collection 只是一个接口，故在使用该接口时，必须为该接口类创建一个实现类，且还需定义该集合接口类的所有方法。

ArrayList(列表)类是集合类的一种实现方式。由于 Collection 的实现基础是数组，故需转换为 Object 数组，方法如下：

```
Object[] toArray()
Object[] toArray(Object[] a)
```

其中第二个方法 Object[] toArray(Object[] a) 的参数 a 应是集合中所有存放对象的类的父类。

8.1.2 迭代器

ArrayList.add()是插入对象的有效方法，而 ArrayList.get()是取出元素的有效方法。ArrayList 很灵活，可以随时选取任意的元素，也可以使用不同的下标一次选取多个元素。

对于元素的类型，需要考虑如下情况：如果原本是 ArrayList，但容器的类型转换为 Set，那么如何才能不重写代码就可以使元素应用于不同类型的容器？

由于 Collection 不提供 get()方法，若要遍历 Collectin 中的元素，就必须用 Iterator(迭代器)。Iterator 这种设计模式就是为实现不同类型的容器而得到广泛的应用的。

Iterator 本身就是一个对象，其功能就是遍历并选择集合序列中的对象，通常被称为“轻量级”对象，消耗代价小。而程序开发人员不关心该序列底层的结构，只关心数据业务之间的逻辑关系。

Collection 接口的 iterator()方法返回一个 Iterator。Iterator 与 Enumeration 接口的使用方法类似，如表 8-2 所示。使用 Iterator 接口方法可以从头至尾遍历整个集合，并按照规律从底层 Collection 中删除元素。

表 8-2 Interator 相关方法

Iterator
+hashnext():Boolean +next():Object +remove():void

以下程序是迭代器的简单应用：

```
import java.util.ArrayList;
import java.util.Collection;
import java.util.Iterator;
public class IteratorDemo {
    public static void main(String[] args) {
        Collection collection = new ArrayList();
        collection.add("s1");
        collection.add("s2");
        collection.add("s3");
        Iterator iterator = collection.iterator();//得到一个迭代器
        while (iterator.hasNext()) {//遍历
            Object element = iterator.next();
            System.out.println("iterator = " + element);
        }
        if(collection.isEmpty())
            System.out.println("collection is Empty!");
```

```
            else
                  System.out.println("collection is not Empty! size="+collection.size());
            Iterator iterator2 = collection.iterator();
            while (iterator2.hasNext()) {//移除元素
                  Object element = iterator2.next();
                  System.out.println("remove: "+element);
                  iterator2.remove();
            }
            Iterator iterator3 = collection.iterator();
            if (!iterator3.hasNext()) {//查看是否还有元素
                  System.out.println("还有元素");
            }
            if(collection.isEmpty())
                  System.out.println("collection is Empty!");
            //使用 collection.isEmpty()方法来判断
      }
}
```

程序的运行结果如下：

```
iterator = s1
iterator = s2
iterator = s3
collection is not Empty! size=3
remove: s1
remove: s2
remove: s3
还有元素
collection is Empty!
```

从上述程序及其运行结果可知，Java 中 Collection 接口的 Iterator()使用方法如下：

(1) 使用 Iterator()方法要求容器返回一个 Iterator，第一次调用 Iterator 的 next()方法时，则返回集合序列的第一个元素。

(2) 使用 next()获得集合序列中的下一个元素。

(3) 使用 hasNext()检查序列中的元素是否为空。

(4) 使用 remove()将迭代器返回被删除的元素。

注意：删除方法 next()返回最后一个元素，在每次调用 next()方法时，remove()方法只能被调用一次。

可见，Java 中 Iterator 虽然功能简单，但却可以解决许多问题，同时针对 List 还有一个更复杂更高级的 ListIterator，后续将进一步介绍。

8.2 List 接 口

上述的 Collection 接口实际上并没有直接的实现类。List 是容器的一种，表示列表。当不知道需要存储的数据有多少时，就可以使用 List 来存储数据。例如，在保存一个应用系统当前的在线用户信息时，只需使用一个 List 就能根据插入数据量来动态改变容器的大小。

8.2.1 常用方法

List 是 Collection 的一种，即 List 继承了 Collection 接口，用来定义一个允许重复项的有序集合。该接口不仅能对列表的一部分进行处理，还添加了面向位置的操作。List 按对象的进入顺序保存对象，而不进行排序或编辑操作。它除了拥有 Collection 接口的所有方法外，还拥有一些其他的方法。

面向位置的操作不仅包括插入某个元素或 Collection 接口的功能，还包括获取、删除或更改元素的功能。在 List 中搜索元素可以从列表的头部或尾部开始，如果找到元素，则输出元素所在的位置。下面是一些常用的方法：

(1) void add(int index, Object element)：用于将对象 element 添加到位置 index 上。

(2) boolean addAll(int index, Collection collection)：用于在 index 位置后添加容器 collection 中所有的元素。

(3) Object get(int index)：用于取出下标为 index 的位置的元素。

(4) int indexOf(Object element)：用于查找对象 element 在 List 中第一次出现的位置。

(5) int lastIndexOf(Object element)：用于查找对象 element 在 List 中最后出现的位置。

(6) Object remove(int index)：用于删除 index 位置上的元素。

(7) Object set(int index, Object element)：用于将 index 位置上的对象替换为 element 并返回原先的元素。List 常用实现方法如表 8-3 所示。

表 8-3 List 常用实现方法

	简述	实现	操作特性	成员要求
List	提供基于索引的对成员的随机访问	ArrayList	提供快速的基于索引的成员访问，对尾部成员的增加和删除支持较好	成员可为任意 Object 子类的对象
		LinkedList	对列表中任何位置的成员的增加和删除支持较好，但对基于索引的成员访问支持性能较差	成员可为任意 Object 子类的对象

在 List 的两种实现方法中，如果要支持随机访问且无需在除尾部的任何位置插入或删除元素，那么 ArrayList 提供了可选的集合。但如果频繁地从列表的中间位置添加和删除元素，以及顺序地访问列表元素，则用 LinkedList 实现更好。

下面是 ArrayList 应用的简单例子：

```
public class ListDemo {
```

```
public static void main(String[] args) {
    String[] strMonths={"1","2","3","4","5","7,","8","9","10","11","12"};
    int nMonthLen=strMonths.length;
    List  months=new ArrayList();
    for(int i=0;i<nMonthLen;i++){
        months.add(strMonths[i]);
    }
  for(int i=months.size()-1;i>=0;i--){
      System.out.println(months.get(i));
  }
 }
}
```

说明：上例中把 12 个月份存放到 ArrayList 中，然后用一个循环，通过 get()方法将列表中的对象都取出来。

与 ArrayList 不同的是，LinkedList 添加了一些处理列表两端元素的方法，如表 8-4 所示。

表 8-4　LinkedList 处理列表两端元素的方法

方　法
+addFirst(element:object):void
+addLast(element:Object):void
+getFirst():Object
+getLast():Object
+removeFirst():Object
+removeLast():Object

使用 LinkedList 实现 List 时，可以把 LinkedList 当作一个堆栈，队列或其他面向端点的数据结构都可以很方便地进行操作。

下面是使用 LinkedList 实现队列的例子：

```
import java.util.*;
public class ListExample {
  public static void main(String args[]) {
    LinkedList queue = new LinkedList();
    queue.addFirst("Bernadine");
    queue.addFirst("Elizabeth");
    queue.addFirst("Gene");
    queue.addFirst("Elizabeth");
    queue.addFirst("Clara");
    System.out.println(queue);
    queue.removeLast();
    queue.removeLast();
```

```
            System.out.println(queue);
        }
    }
```

程序的运行结果如下：

```
[Clara, Elizabeth, Gene, Elizabeth, Bernadine]
[Clara, Elizabeth, Gene]
```

注意：与 Set 不同的是，List 允许重复。

上述程序实现了 List 类的使用方法。首先，创建一个由 ArrayList 支持的 List，将数据存放到列表中；其次，把 LinkedList 当作一个队列，从队列头部添加数据，再从尾部删除数据。

List 接口处理子集的方法如下：

(1) ListIterator listIterator()：用于返回一个 ListIterator 迭代器，默认开始位置为 0。

(2) ListIterator listIterator(int startIndex)：用于返回一个 ListIterator 迭代器，开始位置为 startIndex。

(3) List subList(int fromIndex, int toIndex)：用于返回一个子列表 List，并将元素存为从 fromIndex 到 toIndex 之间的一个元素。

注意：在进行 subList()处理时，只处理子列表中的 fromIndex 元素。

ListIterator 接口继承于 Iterator 接口，并支持添加或更改底层集合中的元素及双向访问。ListIterator 的相关方法如表 8-5 所示。

表 8-5　ListIterator 相关方法

方　　法
+add(element:Object):void
+hasNext():boolean
+hasPrevious():boolean
+next():Object
+nextIndex():int
+previous():Object
+previousIndex():int
+remove():void
+set(element:0bject):void

以下程序演示了列表中的反向循环。由于 ListIterator 中第一个元素的下标是 0，所以 ListIterator 最初位于列表表尾之后(list.size())。

```
List list = ...;
ListIterator iterator = list.listIterator(list.size());
while (iterator.hasPrevious()) {
    Object element = iterator.previous();
    // Process element
}
```

一般情况下，ListIterator 接口可改变某次遍历集合元素的方向，即向前或者向后。如果在执行 previous()方法后立刻调用 next()方法，则返回的是同一个元素；如果先执行 next()方法，再调用 previous()方法，则执行结果相同。

List 接口的使用情况如下：

```
import java.util.*;
public class ListIteratorTest {
    public static void main(String[] args) {
        List list = new ArrayList();
        list.add("aaa");
        list.add("bbb");
        list.add("ccc");
        list.add("ddd");
        System.out.println("下标 0 开始："+list.listIterator(0).next());//next()
        System.out.println("下标 1 开始:"+list.listIterator(1).next());
        System.out.println("子 List 1-3:"+list.subList(1,3));//子列表
        ListIterator it = list.listIterator();//默认从下标 0 开始
        //隐式光标属性 add 操作，插入到当前的下标的前面
        it.add("sss");
        while(it.hasNext()){
          System.out.println("next Index="+it.nextIndex()+",Object="+it.next());
        }
        //set 属性
        ListIterator it1 = list.listIterator();
        it1.next();
        it1.set("ooo");
        ListIterator it2 = list.listIterator(list.size());//下标
        while(it2.hasPrevious()){
        System.out.println("previous Index="+it2.previousIndex()+",Object="+it2.previous());
        }
    }
}
```

程序的执行结果如下：

```
下标 0 开始：aaa
下标 1 开始:bbb
子 List 1-3:[bbb, ccc]
next Index=1,Object=aaa
next Index=2,Object=bbb
next Index=3,Object=ccc
next Index=4,Object=ddd
previous Index=4,Object=ddd
```

```
previous Index=3,Object=ccc
previous Index=2,Object=bbb
previous Index=1,Object=aaa
previous Index=0,Object=ooo
```

8.2.2 实现原理

Collection 的实现基于数组，那么 ArrayList 列表是如何实现的呢？下面先分析 ArrayList 的构造函数。

(1) ArrayList()：由 Collection 接口文档描述可知，ArrayList()是无参数的构造方法。

(2) ArrayList(Collection c)：由 Collection 接口文档描述可知，ArrayList(Collection c)是接受 Collection 参数的构造方法。

(3) ArrayList(int initialCapacity)：由 Collection 接口文档描述可知，ArrayList 是实现带参数 initialCapacity 的构造函数。其中参数 initialCapacity 表示构造的 ArrayList 列表的初始大小。如果调用默认的构造函数，则表示以调用参数为 initialCapacity=10 的方式，来进行构建一个 ArrayList 列表对象。

以下程序是关于 initialCapacity 参数的概念，进一步分析 Sun 提供的 ArrayList 源码中的实现方式及相关属性。

```
public class ArrayList extends AbstractList
            implements List, RandomAccess,
        Cloneable, java.io.Serializable {
    private static final long serialVersionUID = 1L;
    /*
     * 列表的实现核心属性：数组。
     * 我们使用该数组来进行存放集合中的数据。
     * 而我们的初始化参数就是该数组构建时候的长度，
     * 即该数组的 length 属性就是 initialCapacity
     */
    private transient Object elementData[];
    /*
     * 列表中真实数据的存放个数
     */
    private int size;
```

ArrayList 继承于 AbstractList 类。下面是 ArrayList 中的 2 个主要属性：

(1) private transient Object elementData[]：其中 elementData[]是列表的实现数组属性，通过使用该数组来对数据进行存取，且初始化参数就是该数组初始化的长度，即该数组的 length 属性就是 initialCapacity 参数；由于 transient 表示被修饰的属性不是对象持久状态的一部分，所以不会自动进行序列化。

(2) private int size：其中 size 表示列表中真实数据的存放个数。

下面是基于数组的 ArrayList 的构造函数的应用方法：

```
public ArrayList(int initialCapacity) {
        super();
        if (initialCapacity < 0)throw new
                IllegalArgumentException("initialCapacity"
                        + initialCapacity);
        // 构建一个初始化长度为 initialCapacity 的数组对象
        this.elementData = new Object[initialCapacity];
    }
    /**
     * 构建一个长度为 10 的 List
     */
    public ArrayList() {
        this(10);
    }
```

以上程序是默认的构造函数调用带参数的构造函数：

public ArrayList(int initialCapacity)中，参数 initialCapacity = 10，使用 initialCapacity 参数来创建 Object 数组并在该集合对象中存放数据，其实就是将数据存放到 Object 数组中。

下面是关于 ArrayList 的构造函数的 initialCapacity 的使用方法，即 this.elementData = new Object[initialCapacity]，具体程序如下：

```
/**
     * 通过另外一个容器对象来构建一个 List，
     * 构建的数组初始化长度为另外一个容器的 size 属性的 1.1 倍
     * @param c
     */
    public ArrayList(Collection c) {
// 当前元素的个数为另外一个容器中的元素个数
    size = c.size();
        // 扩充 1.1 倍的容器
        elementData = new Object[(int) Math.min(
            (size * 100L) / 100,Integer.MAX_VALUE)];
        c.toArray(elementData);
    }
    /**
     * 返回 List 中元素的个数
     */
    public int size() {
        return size;
    }
```

上述程序中，size() 方法的作用是返回 size 属性值的大小，而构造函数 public

ArrayList(Collection c)的作用是把另一个容器对象中的元素存放到当前的 List 对象中。

8.3　Map 接　口

8.3.1　概述

数学中的映射关系在 Java 中就是通过 Map 接口来实现的。Map 接口中存储的元素是一个对(pair)值，即一个对象通过某种映射关系找到另一个和该对象相关的值。

前面提到根据账号名得到对应人员的信息，即将用户名及其相应信息作为一种映射关系，账户名和人员信息可作为一个“键-值对”，“键”是账户名，“值”是人员信息。下面先讨论 Map 接口的常用方法。

8.3.2　常用方法

Map 接口不是 Collection 接口的继承，而是用于维护“键-值”关联的接口层次结构，该接口描述了从不重复的键到值的映射关系。Map 接口的方法如表 8-6 所示。

表 8-6　Map 接口的相关方法

方　法
+clear():void +containsKey(Key:Object):boolean +containsValue(value:Object):boolean +entrySet():Set +get(Key:Object):Object +isEmpty():boolean +KeySet():Set +put(ket:Object,value:Object):Object +remove(key:Object):Object +size():int +values():Collection

上述接口方法分为三组操作：改变、查询和提供可选视图。改变操作可以从映射中添加或删除键-值对，且键和值都可以为 null，但不能把 Map 作为一个键或值进行操作。上述接口方法的说明如下：

(1) Object put(Object key,Object value)：用于将一个键-值对存入 Map 中。

(2) Object remove(Object key)：依据 key(键)，移除一个键-值对，并将值返回为 Object 类型。

(3) void putAll(Map mapping)：用于将另一个 Map 中与 mapping 对应的元素键-值对存入当前的 Map 中。

(4) void clear()：用于清空当前 Map 中的元素。

(5) Object get(Object key)：根据 key(键)取得对应的值。

(6) boolean containsKey(Object key)：用于判断 Map 中是否存在某个键值(key)。

(7) boolean containsValue(Object value)：用于判断 Map 中是否存在某个值(value)。

(8) int size()：用于返回 Map 中键-值对的个数。

(9) boolean isEmpty()：用于判断当前 Map 是否为空，还可以把键或值作为集合来处理。

(10) public Set keySet() ：用于返回所有的键(key)，并将其存入 Set 容器。

(11) public Collection values()：用于返回所有的值(Value)，并将其存入 Collection。

(12) public Set entrySet()：用于返回一个实现 Map.Entry 接口的元素 Set。

由于映射中键的集合必须是唯一的，而值的集合可能不唯一，所以可以使用 Set 来处理映射中的键，使用 Collection 来处理映射中的值。通过使用 Map.Entry 类在同一时间得到所有的信息，即返回一个实现 Map.Entry 接口的元素 Set 即可。Map 访问方法举例如下：

```
Set entries = map.entrySet( );
if(entries != null) {
    Iterator iterator = entries.iterator( );
    while(iterator.hasNext( )) {
    Map.Entry entry =iterator.next( );
    Object key = entry.getKey( );
    Object value = entry.getValue();
    ...
    }
}
```

Map 类提供了一个称为 entrySet()的方法，该方法返回一个 Map.Entry 实例化后的对象集。Map.Entry 类还提供了一个 getKey()方法和一个 getValue()方法，给开发人员提供了一个同时保留关键字及其对应值的类，可便于开发人员修改 map 中的值。Map 接口常用实现类的比较如表 8-7 所示。

表 8-7　Map 接口常用实现类的比较

	简述	实现	操作特性	成员要求
Map	保存键值对成员，基于键找值操作，使用 compareTo 或 compare 方法对键进行排序	HashMap	能满足用户对 Map 的通用需求	键成员可为任意 Object 子类的对象，但如果覆盖了 equals 方法，则注意修改 hashCode 方法
		TreeMap	支持对键有序地遍历，使用时建议先用 HashMap 增加和删除成员，最后从 HashMap 生成 TreeMap；附加实现了 SortedMap 接口，支持子 Map 等要求顺序的操作	键成员要求实现 Comparable 接口，或者使用 Comparator 构造，TreeMap 键成员一般为同一类型
		LinkedHashMap	保留键的插入顺序，用 equals 方法检查键和值的相等性	成员可为任意 Object 子类的对象，但如果覆盖了 equals 方法，则注意修改 hashCode 方法

例如：

```
import java.util.*;
public class MapTest {
public static void main(String[] args) {
        Map map1 = new HashMap();
        Map map2 = new HashMap();
        map1.put("1","aaa1");
        map1.put("2","bbb2");
        map2.put("10","aaaa10");
        map2.put("11","bbbb11");
        //根据键 "1" 取得值："aaa1"
        System.out.println("map1.get(\"1\")="+map1.get("1"));
        // 根据键 "1" 移除键值对"1"-"aaa1"
        System.out.println("map1.remove(\"1\")="+map1.remove("1"));
        System.out.println("map1.get(\"1\")="+map1.get("1"));
        map1.putAll(map2);//将 map2 全部元素放入 map1 中
        map2.clear();//清空 map2
        System.out.println("map1 IsEmpty?="+map1.isEmpty());
        System.out.println("map2 IsEmpty?="+map2.isEmpty());
        System.out.println("map1 中的键值对的个数 size = "+map1.size());
        System.out.println("KeySet="+map1.keySet());//set
        System.out.println("values="+map1.values());//Collection
        System.out.println("entrySet="+map1.entrySet());
        System.out.println("map1 是否包含键：11 = "+map1.containsKey("11"));
        System.out.println("map1 是否包含值：aaa1 ="
                        +map1.containsValue("aaa1"));
    }
}
```

程序的运行结果如下：

```
map1.get("1")=aaa1
map1.remove("1")=aaa1
map1.get("1")=null
map1 IsEmpty?=false
map2 IsEmpty?=true
map1 中的键值对的个数 size = 3
KeySet=[10, 2, 11]
values=[aaaa10, bbb2, bbbb11]
entrySet=[10=aaaa10, 2=bbb2, 11=bbbb11]
map1 是否包含键：11 = true
```

map1 是否包含值：aaa1 = false

在上述实例中，通过创建一个 HashMap，并使用 Map 接口的 entrySet()方法返回一个实现了 Map.Entry 接口的对象集合，即 Map 中特定的键-值对。而 Map.Entry 接口是 Map 接口中的一个内部接口，该接口的实现类存放的是键-值对。Map 接口的使用方法如下：

```
import java.util.*;
import java.util.HashMap;
import java.util.LinkedHashMap;
import java.util.Map;
import java.util.TreeMap;
public class MyMap{
    public static void main(String args[]) {
        Map map1 = new HashMap();
         Map map2 = new LinkedHashMap();
         for(int i=0;i<10;i++){
         double s=Math.random()*100;//产生一个随机数，并将其放入 Map 中
          map1.put(new Integer((int) s),"第 "+i+" 个放入的元素："+s+"\n");
          map2.put(new Integer((int) s),"第 "+i+" 个放入的元素："+s+"\n");
        }
        System.out.println("未排序前 HashMap："+map1);
        System.out.println("未排序前 LinkedHashMap："+map2);
        //使用 TreeMap 对另外的 Map 进行重构和排序
        Map sortedMap = new TreeMap(map1);
        System.out.println("排序后："+sortedMap);
        System.out.println("排序后："+new TreeMap(map2));
    }
}
```

程序的运行结果如下：

```
未排序前 HashMap：{48=第 8 个放入的元素：48.849534761591165
, 99=第 1 个放入的元素：99.94303918193228
, 66=第 9 个放入的元素：66.23340862055645
, 6=第 6 个放入的元素：6.207672534414089
, 7=第 5 个放入的元素：7.828857862225602
, 93=第 7 个放入的元素：93.69597187181613
, 9=第 4 个放入的元素：9.815874556925774
, 58=第 2 个放入的元素：58.335406564342065
, 46=第 0 个放入的元素：46.350481342205626
, 74=第 3 个放入的元素：74.96719318871105
}
未排序前 LinkedHashMap：{46=第 0 个放入的元素：46.350481342205626
```

```
, 99=第 1 个放入的元素：99.94303918193228
, 58=第 2 个放入的元素：58.335406564342065
, 74=第 3 个放入的元素：74.96719318871105
, 9=第 4 个放入的元素：9.815874556925774
, 7=第 5 个放入的元素：7.828857862225602
, 6=第 6 个放入的元素：6.207672534414089
, 93=第 7 个放入的元素：93.69597187181613
, 48=第 8 个放入的元素：48.849534761591165
, 66=第 9 个放入的元素：66.23340862055645
}
排序后：{6=第 6 个放入的元素：6.207672534414089
, 7=第 5 个放入的元素：7.828857862225602
, 9=第 4 个放入的元素：9.815874556925774
, 46=第 0 个放入的元素：46.350481342205626
, 48=第 8 个放入的元素：48.849534761591165
, 58=第 2 个放入的元素：58.335406564342065
, 66=第 9 个放入的元素：66.23340862055645
, 74=第 3 个放入的元素：74.96719318871105
, 93=第 7 个放入的元素：93.69597187181613
, 99=第 1 个放入的元素：99.94303918193228
}
排序后：{6=第 6 个放入的元素：6.207672534414089
, 7=第 5 个放入的元素：7.828857862225602
, 9=第 4 个放入的元素：9.815874556925774
, 46=第 0 个放入的元素：46.350481342205626
, 48=第 8 个放入的元素：48.849534761591165
, 58=第 2 个放入的元素：58.335406564342065
, 66=第 9 个放入的元素：66.23340862055645
, 74=第 3 个放入的元素：74.96719318871105
, 93=第 7 个放入的元素：93.69597187181613
, 99=第 1 个放入的元素：99.94303918193228
}
```

从运行结果可知，HashMap 值的输出顺序与存入顺序无关，而 LinkedHashMap 则与存入顺序有关。TreeMap 是对 Map 中的元素进行排序。在实际中，先使用 HashMap 或 LinkedHashMap 来存放元素，当所有的元素都存放完成后，再使用 TreeMap 来重构原来的 Map 对象。HashMap 和 LinkedHashMap 存储数据的速度比直接使用 TreeMap 要快、存取效率要高，但 TreeMap 是根据键(Key)来排序的，排序时 Key 中存放的对象必须实现 Comparable 接口。

8.3.3　Comparable 接口

在 java.lang 包中，假定对象集合是同一类型，Comparable 接口可将集合排序成自然顺序。Comparable 方法如表 8-8 所示。

表 8-8　Comparable 方法

方　　法
+compareTo(element:Object):int

说明：compareTo()方法用来比较当前实例和作为参数传入的元素。如果排序过程中当前实例出现在参数前(当前实例比参数大)，则返回负值；如果当前实例出现在参数后(当前实例比参数小)，则返回正值；否则，返回零。此处，零返回值并不表示元素相等，而只是表示两个对象在排序时处于同一个位置。

通过整形的包装类 Integer 实现 compareTo 接口的方法如下：

```
public final class Integer extends Number implements Comparable {
    public int compareTo(Object o) {
        return compareTo((Integer) o);
    }
    public int compareTo(Integer anotherInteger) {
        int thisVal = this.value;
        int anotherVal = anotherInteger.value;
        return (thisVal < anotherVal ? -1 :
                    (thisVal == anotherVal ? 0 : 1));
    }
```

说明：在 compareTo 方法中，通过判断当前 Integer 对象的值是否大于传入参数的值来确定返回值是 1、−1 或 0。

8.3.4　实现原理

在“集合框架”中，接口 Map 和 Collection 在层次结构上没有任何关系。Map 不是继承于 Collection，其典型应用是访问按关键字存储的值，并支持一系列键-值对集合的操作，而不是单个独立的元素。因此 Map 需要支持 get()和 put()的基本操作。

下面以判断一个对象“人”是否指向同一个人为例，对 Map 的实现原理进行说明。定义一个 Code 类(身份证类)和一个 Person 类(人员信息类)，并通过 HashCodeTest 类来判断一个对象“人”是否指向同一个人。

```
import java.util.HashMap;
//身份证类
class Code{
    final int id;//身份证号码已经确认，不能改变
    Code(int i){
        id=i;
```

```
        }
        //身份号号码相同，则身份证相同
        public boolean equals(Object anObject) {
            if (anObject instanceof Code){
                Code other=(Code) anObject;
                return this.id==other.id;
            }
            return false;
        }
        public String toString() {
            return "身份证:"+id;
        }
        //重写 hashCode 方法，并使用身份证号作为 hash 值
        public int hashCode(){
            return id;
        }
    }
    //人员信息类
    class Person {
        Code id;// 身份证
        String name;// 姓名
        public Person(String name, Code id) {
            this.id=id;
            this.name=name;
        }
        //如果身份证号相同，就表示两个人是同一个人
        public boolean equals(Object anObject) {
            if (anObject instanceof Person){
                Person other=(Person) anObject;
                return this.id.equals(other.id);
            }
            return false;
        }
        public String toString() {
            return "姓名:"+name+" 身份证:"+id.id+"\n";
        }
    }
    public class HashCodeTest {
        public static void main(String[] args) {
```

```
            HashMap map=new HashMap();
            Person p1=new Person("张三",new Code(123));
            map.put(p1.id,p1);//我们根据身份证来作为 key 值存放到 Map 中
            Person p2=new Person("李四",new Code(456));
            map.put(p2.id,p2);
            Person p3=new Person("王二",new Code(789));
            map.put(p3.id,p3);
            System.out.println("HashMap 中存放的人员信息:\n"+map);
            // 张三 改名为：张山 但是还是同一个人。
            Person p4=new Person("张山",new Code(123));
            map.put(p4.id,p4);
            System.out.println("张三改名后 HashMap 中存放的人员信息:\n"+map);
            //查找身份证为：123 的人员信息
            System.out.println("查找身份证为：123 的人员信息:"+map.get(new Code(123)));
        }
    }
```

程序的运行结果如下：

```
HashMap 中存放的人员信息:
{身份证:789=姓名:王二 身份证:789
, 身份证:456=姓名:李四 身份证:456
, 身份证:123=姓名:张三 身份证:123
}
张三改名后 HashMap 中存放的人员信息:
{身份证:789=姓名:王二 身份证:789
, 身份证:456=姓名:李四 身份证:456
, 身份证:123=姓名:张山 身份证:123
}
查找身份证为：123 的人员信息:姓名:张山 身份证:123
```

8.4 Set 接口

Set 接口继承于 Collection 接口，而且它不允许集合中存在重复项，每个具体的 Set 实现类由添加对象的 equals()方法来检查唯一性。Set 接口常用 HashSet 类和 TreeSet 类来实现。Set 接口没有引入新方法，所以 Set 就等同于 Collection，只是其方式不同。

1. HashSet 类

HashSet 类能快速定位一个元素，存放在 HashSet 类中的对象一般需要重写 hashCode()方法。该结构使用散列表进行存储。在散列表中，一个关键字的信息可确定唯一的值，称为散列码(Hash code)。散列码作为与关键字相关的数据的存储下标。关键字到其散列码的

转换是自动执行的。采用散列表的优点在于，对于大的集合，一些基本操作如 add、contains、remove 和 size 方法的平均运行时间仍保持不变。Hashset 类的构造方法如表 8-9 所示。

表 8-9　HashSet 类的构造方法

方法名	功 能 说 明
HashSet()	构造一个默认的散列集合
HashSet(Collection<?extends E>c)	用 c 中的元素初始化散列集合
HashSet(int capacity)	初始化容量为 capacity 的散列集合
HashSet(int capacity,float fill)	初始化容量为 capacity 填充比为 fill 的散列集合

下面的程序是一个基于 String 类的 HashSet 类的使用方法。

```
import java.util.HashSet;
public class HashDemo {
    public static void main(String[] args) {
        HashSet<String> hashSet=new HashSet<String>();
        //添加元素
        hashSet.add("Monday");
        hashSet.add("Tuesday");
        hashSet.add("Wednesday");
        hashSet.add("Thursday");
        hashSet.add("Friday");
        hashSet.add("Saturday");
        hashSet.add("Sunday");
        System.out.println(hashSet);
        for(String str:hashSet){//遍历
            System.out.println(str);
        }
    }
}
```

程序的运行结果如下：

```
[Saturday, Thursday, Monday, Tuesday, Wednesday, Friday, Sunday]
Saturday
Thursday
Monday
Tuesday
Wednesday
Friday
Sunday
```

2. TreeSet 类

TreeSet 类使用树结构来进行存储，对象按升序存储，访问和检索速度快。在存储了大量需要进行快速检索的排序信息时， 采用 TreeSet 类是很好的选择。其构造方法及使用如表 8-10 所示。

表 8-10　TreeSet 类的构造方法

方法名	功 能 说 明
TreeSet()	构造一个空的 TreeSet
TreeSet(Collection<?extends E>c)	构造一个包含 c 的元素的 TreeSet
TreeSet(int capacitor<?super E>comp)	构造由 comp 指定的比较依据的 TreeSet
TreeSet(SortedSet<E> sortSet)	构造一个包含 sortSet 所有元素的 TreeSet

下面程序是定义一个基于 String 类型演示 TreeSet 的使用方法。

```
import java.util.TreeSet;
public class TreeSetDemo {
    public static void main(String[] args) {
        TreeSet<String> treeSet=new TreeSet<String>();
        //添加元素
        treeSet.add("Monday");
        treeSet.add("Tuesday");
        treeSet.add("Wednesday");
        treeSet.add("Thursday");
        treeSet.add("Friday");
        treeSet.add("Saturday");
        treeSet.add("Sunday");
        System.out.println(treeSet);
        for(String str:treeSet){//遍历
            System.out.println(str);
        }
    }
}
```

程序的运行结果如下：

```
[Friday, Monday, Saturday, Sunday, Thursday, Tuesday, Wednesday]
Friday
Monday
Saturday
Sunday
Thursday
Tuesday
Wednesday
```

分析运行结果可知，TreeSet 中的元素按字符串顺序排列存储，要求放入 Treeset 中的对象是可排序的。集合框架中提供了用于排序的两个使用接口：Comparable 和 Comparator。

一个可排序的类应采用 Comparable 接口；如果多个类具有相同的排序算法，或者为某个类制定多个排序规则，则应提取出排序算法，采用扩展 Comparator 接口的类实现。

注意：通常情况下，在没有制定排序规则时，添加到 TreeSet 中的对象都需要实现 Comparable 接口。

8.5　集合框架中常用类的区别

集合框架基本接口的层次结构常用类的区别如下：

(1) Collection 接口是一组允许重复的对象。

(2) Set 接口继承于 Collection，但不允许重复。

(3) List 接口继承于 Collection，允许重复，并引入位置下标。

(4) Map 接口既不继承于 Set，也不继承于 Collection，存取的是键-值对。

常用集合的实现类之间的区别如表 8-11 所示。

表 8-11　集合的实现类之间的区别

Collection/ Map	接口	成员重复性	元素存放顺序 (有序的/排序的)	元素中被调用的方法	基于何种数据结构来实现
HashSet	Set	唯一的元素	无序	equals() hashCode()	Hash 表
LinkedHashSet	Set	唯一的元素	插入顺序	equals() hashCode()	Hash 表和双向链表
TreeSet	Sorted Set	唯一的元素	排序的	equals() compareTo()	平衡树 (Balanced tree)
ArrayList	List	允许	插入顺序	equals()	数组
LinkedList	List	允许	插入顺序	equals()	链表
Vector	List	允许	插入顺序	equals()	数组
HashMap	Map	唯一的	无序	equals() hashCode()	Hash 表
LinkedHashMap	Map	唯一的	键插入顺序/条目的访问顺序	equals() hashCode()	Hash 表和双向链表
Hashtable	Map	唯一的	无序	equals() hashCode()	Hash 表
TreeMap	Sorted Map	唯一的	按键顺序排序	equals() compareTo()	平衡树 (Balanced tree)

习　　题

1. 编写一个 Person class 表，表示一个人员的信息。令该类具备多辆 Car 的信息，表示一个人可以拥有的汽车数据，以及下列信息：

```
Certificate　code：          身份证对象；
name：                       姓名；
cash：                       现金；
List car：                   拥有的汽车，其中存放的是 Car 对象
    boolean buycar(car);              买汽车
    boolean sellcar(Person p);        //把自己全部汽车卖给别人
  //自动查找卖车的人 p 是否有买主想要买的车 car，
  //如果有就买，并返回 true，否则返回 false
  boolean buyCar(Car car,Person p);
    viod addCar(car);            //把某辆车送给方法的调用者
    String toString();           //得到人的信息
```

编写第二个 Car class 具备的属性：

```
String ID;                       //ID 车牌号
cost                             //价格
Color                            //颜色
Person owner;                    //汽车的拥有者
toString();                      //得到汽车的信息
equals();                        //比较汽车是否同一辆汽车，ID 相同则认为相同
```

在另一个 Market 类中，进行汽车的买卖，并将所有交易人员的信息保存到一个 HashMap 中，我们可以通过身份证号来查找对应的人员信息。同时所有的汽车种类都在市场中进行注册，即汽车的信息使用一个 Set 来保存。

属性：

```
HashMap people;//存放交易人员的信息。Key 为身份证号，value 为 Person 对象。
```

方法：

```
static boolean sellCar(Person p1, Car car1, Person p2);  //p1 将 car1 卖给 p2，并在该方法中记录效
                                                         //益人的信息到 people 中
```

2. 撰写类 Certificate，表示身份证。

属性：Id;//号码

方法：

```
equals();         //比较两个身份证是否同一个，ID 相同则认为相同
hashCode();       //正确编写 hashCode 方法
```

问题描述：

(1) 一个叫 Bob 的人，身份证：310；现金：30000。

(2) 有一辆车子，ID:001；颜色：红色；价格：50000。

(3) 一个叫 Tom 的人，身份证：210；现金：70000。

(4) 有一辆汽车，颜色：白色；ID:003；价格：25000。

(5) 一个叫 King 的人，身份证：245；现金：60000。

(6) 有 2 辆汽车。

颜色：白色；ID:005；价格：18000。

颜色：红色；ID:045；价格：58000。

(7) Tom 买了 Bob 的汽车，他就拥有了 2 辆汽车。

(8) King 把 ID=005 的汽车卖给了 Bob。

最后，输出各人的相关信息。

实战篇

实战 S1　Java 开发环境平台搭建

安装和搭建软件开发环境平台是软件开发的第一步，优秀的开发环境平台能帮助程序员提高开发效率。下面就以 JDK 的安装与环境配置以及 IDE 开发平台的搭建为例进行讲解。

S1.1　实战指导

具体步骤和方法详情请见本书第 1 章，此处不再重复。

S1.2　知识分析

学生自己从头到尾安装和配置开发环境，以便进一步掌握 Java 开发环境平台的搭建方法和基本原理。

使用 Eclipse 编写 Java 程序的步骤如下：

(1) 创建一个 Java 项目；

(2) 手动创建 Java 源程序；

(3) 编译 Java 源程序；

(4) 运行程序。

S1.3　拓展应用

在已经搭建好的 Java 开发环境平台上，开发一个输出个人档案的小程序，要求按照软件开发的基本步骤进行开发。

1. 新建 Java 工程

具体步骤如下：打开 Eclipse 开发环境，新建一个 Java Project，如图 S1-1 所示。

单击【Next】按钮→【Finish】即可得到开发平台的 Package Explor 结构，如图 S1-2 所示。

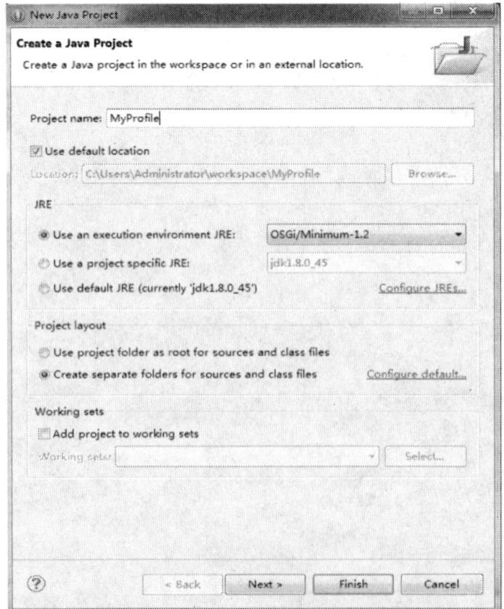

图 S1-1　创建 Java Project 界面

图 S1-2　Package Explor 结构

2．新建 Java 类

具体步骤如下：在已经建好的 Java Project 的基础上新建 Java Class，新建 Java 类界面，如图 S1-3 所示。输入 Name 为 MyProfile，并将 public static void main(String[] args)前面的框选上。

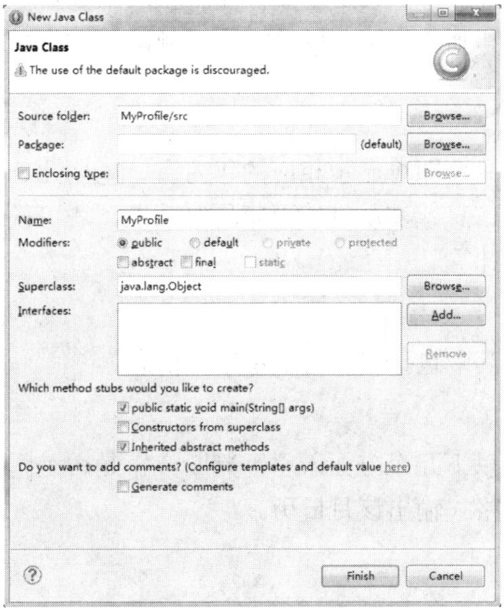

图 S1-3　新建 Java 类界面

详细代码如下：

```
package com;
/*输出个人档案*/
public class MyProfile {
    public static void main(String[] args) {
        System.out.println("*********输出个人档案*********");
        System.out.println("姓名：\t 杨幂");
        System.out.println("年龄：\t21");
        System.out.println("性别：\t 女");
        System.out.println("住址：\t 上海市浦东区开发路 1314 号");
        System.out.println("电话：\t13812980520");
    }
}
```

通过上述程序设计，得到的个人档案运行结果如图 S1-4 所示。

```
*********输出个人档案*********
姓名：    杨幂
年龄：    21
性别：    女
住址：    上海市浦东区开发路1314号
电话：    13812980520
```

图 S1-4　个人档案

实战 S2 利用 Java 循环和分支结构开发万年历

前面学习了分支结构和循环结构，下面介绍一个实战项目：万年历的开发，希望读者能够掌握程序的编写流程和基本方法，以及运行和测试过程。

S2.1 实战任务的引入

在控制台输入某年某月，即可显示相应的年月日、星期几、当前日期是本年度或本月份的第几周、是否闰年等信息或实现打印万年历等功能，还可换算出当前日期是一年中的第几天，指定日期是星期几等。

1. 万年历简介

万年历即某月日历，其中包括年、月、星期等信息。

2. 实战任务分析

万历年的求解需要从以下几个方面入手：判断该年是否是闰年、计算该月天数、计算该月第一天是星期几、按格式输出该月日历。

S2.2 知识背景

1. 分支结构分析

分支结构是面向对象编程的一个重要基础部分，是在情况较为复杂、需要进行多种判断时使用的一种结构。

分支结构包括简单 if 结构、标准 if-else 结构、嵌套 if 结构、多重 if 结构和 switch 结构。

if 条件结构：根据条件判断之后再做处理。

switch 条件结构：只能处理等值的条件判断，且条件是整型变量或字符变量的等值判断。

多重 if 结构：在 else 部分中还包含其他 if 块，即可以处理在 else 部分包含的其他 if 结构。该结构特别适合某个变量处于某个区间时的情况。

2. 循环结构分析

循环结构是程序设计的三大结构之一，也是重要的结构。

循环结构包括 while 循环结构、do-while 循环结构、for 循环结构。

while 和 for 循环结构是符合条件，循环继续执行；否则，循环退出。其特点是：先判断，再执行。其基本步骤如下：

(1) 分析循环条件和循环操作；

(2) 套用 while 和 for 语法写出代码；

(3) 检查循环是否能够退出；

do-while 循环结构则是先执行一遍循环操作，再判断条件是否符合，若符合则循环继续执行；否则，循环退出。其特点是：先执行，再判断。其基本步骤如下：

(1) 分析循环条件和循环操作；

(2) 套用 do-while 语法写出代码；

(3) 检查循环是否能够退出。

S2.3 实战任务的实现

1. 万年历的原理

根据控制台输入某年某月，通过编程实现显示概念的年月日、星期几、当前日期是第几周。步骤如下：

(1) 判断该年是否是闰年，即能被 4 整除但不能被 100 整除，或者能被 400 整除。

(2) 计算该月天数，闰年 2 月：29 天；平年 2 月：28 天。

(3) 计算该月第一天是星期几。

① 计算输入月份距离 1900 年 1 月 1 日的天数；

② 计算输入月份之前的天数(从当年年初开始)；

③ 求和。

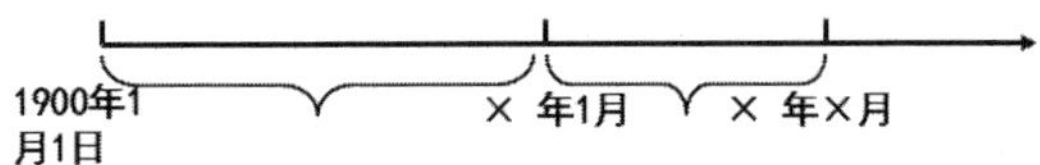

已知该月之前的天数，计算输入月份的第一天是星期几。

从 1900 年 1 月 1 日(星期一)开始推算：星期几=1+天数差%7，周一至周六：1 至 6，周日：0。

采用了基姆拉尔森计算公式，W=(d+2*m+3*(m+1)/5+y+y/4-y/100+y/400)mod7，在公式中 d 表示日期中的日数，m 表示月份数，y 表示年数。注意：在公式中有个与其他公式不同的地方，即把一月和二月看成是上一年的十三月和十四月。例如：如果是 2018-1-10，则换算成 2017-13-10 来代入公式计算。

(4) 按格式输出该月日历。

2. 万年历的开发方法

依据万年历的业务逻辑，我们采取分阶段策略来开发万年历。步骤如下：

(1) 判断该年是否是闰年，即能被 4 整除但不能被 100 整除，或者能被 400 整除。

具体步骤如下：通过 Eclipse 开发平台创建一个类 PrintCalendar1.java，主要用于判断某年是否为闰年。

详细代码如下：

```
import java.util.Scanner;
public class PrintCalendar1{
    public static void main(String[] args) {
        System.out.println("*************欢 迎 使 用 万 年 历*************");
        Scanner input = new Scanner(System.in);
        System.out.print("\n 请选择年份：  ");
        int year=input.nextInt();
        System.out.print("\n 请选择月份：  ");
        int month = input.nextInt();
        System.out.println();
```

```
        int days = 0;                // 存储当月的天数
        boolean isRn;
        /* 判断是否是闰年 */
        if(year%4==0&&!(year%100==0)||year%400==0){
            isRn = true;             // 闰年
        } else {
            isRn = false;            // 平年
        }
        if (isRn) {
            System.out.println(year + "  闰年");
        } else {
            System.out.println(year + "  平年");
        }
    }
}
```

(2) 计算该月天数，闰年 2 月有 29 天，平年 2 月有 28 天。

具体步骤如下：通过 Eclipse 开发平台创建一个类 PrintCalendar2.java，主要用于计算该月的天数。

详细代码如下：

```
import java.util.Scanner;
public class PrintCalendar2 {
    public static void main(String[] args) {
        同 PrintCalendar1.java
        /* 计算当月的天数 */
        switch (month) {
          case 1:
          case 3:
          case 5:
          case 7:
          case 8:
          case 10:
          case 12:
             days = 31;break;
          case 2:
              if (isRn) {
                  days = 29;
              } else {
                  days = 28;
              }
              break;
```

```
            default:
                days = 30;
                break;
            }
        System.out.println(month + "\t 共" + days + "天");
    }
}
```

(3) 计算该月第一天是星期几。

① 计算输入月份距离 1900 年 1 月 1 日的天数；

② 计算输入月份之前的天数(从当年年初开始)；

③ 求和。

具体步骤①如下：通过 Eclipse 开发平台创建一个类 PrintCalendar3.java，主要用于计算输入月份距 1900 年 1 月 1 日的天数。

详细代码段①如下：

```
import java.util.Scanner;
public class PrintCalendar3 {
    public static void main(String[] args) {
        同 PrintCalendar1.java
        同 PrintCalendar2.java
        /* 计算输入的年份之前的天数 */
        int totalDays = 0;
        for (int i = 1900; i < year; i++) {
            /* 判断闰年或平年，并进行天数累加 */
        if (i % 4 == 0 && !(i % 100 == 0) || i % 400 == 0) { // 判断是否为闰年
                totalDays = totalDays + 366;// 闰年 366 天
            } else {
                totalDays = totalDays + 365;// 平年 365 天
            }
        }
        System.out.println("输入年份距离 1900 年 1 月 1 日的天数：" + totalDays);
    }
}
```

具体步骤②如下：通过 Eclipse 开发平台创建一个类 PrintCalendar4.java，主要用于计算输入月份之前的天数(从当年年初开始)。

详细代码段②如下：

```
import java.util.Scanner;
public class PrintCalendar4 {
    public static void main(String[] args) {
        同 PrintCalendar1.java
        同 PrintCalendar2.java
```

```
            同 PrintCalendar3.java
            /* 计算输入月份之前的天数 */
            int beforeDays = 0;
            for (int i = 1; i <= month; i++) {
                switch (i) {
                  case 1:
                  case 3:
                  case 5:
                  case 7:
                  case 8:
                  case 10:
                  case 12:
                      days = 31;
                      break;
                  case 2:
                      if (isRn) {
                          days = 29;
                      } else {
                          days = 28;
                      }
                      break;
                  default:
                      days = 30;
                      break;
                }
                if (i < month) {
                      beforeDays = beforeDays + days;
                }
            }
            totalDays = totalDays + beforeDays; // 距离 1900 年 1 月 1 日的天数
            System.out.println("输入月份距离 1900 年 1 月 1 日的天数：" + totalDays);
            System.out.println("当前月份的天数：" + days);
        }
    }
```

(4) 按格式输出该月日历。

具体步骤如下：通过 Eclipse 开发平台创建一个类 PrintCalendar5.java，主要用于控制万年历的输出。

详细代码如下：

```
import java.util.Scanner;
public class PrintCalendar5 {
```

```
        public static void main(String[] args) {
            同 PrintCalendar1.java
            同 PrintCalendar2.java
            同 PrintCalendar3.java
            同 PrintCalendar4.java
            /* 计算星期几 */
    int firstDayOfWeek; // 存储当月第一天是星期几：星期日为 0，星期一～星期六为 1～6
            int temp = 1 + totalDays % 7; // 从 1900 年 1 月 1 日推算
            if (temp == 7) { // 求当月第一天
                firstDayOfWeek = 0;
            } else {
                firstDayOfWeek = temp;
            }
            System.out.println("该月第一天是:  " + firstDayOfWeek);
        }
    }
```

3. 万年历的测试技巧

如何将万年历的进行验证，能够按照预期的目标输出正确的结果？需要进行测试的设计。

具体步骤如下：通过 Eclipse 开发平台创建一个类 PrintCalendar6.java，主要用于测试万年历的输出结果。

详细代码如下：

```
    public class PrintCalendar6 {
        public static void main(String[] args) {
    System.out.println("星期日\t 星期一\t 星期二\t 星期三\t 星期四\t 星期五\t 星期六");
            for(int i = 1 ; i <= 7 ; i++){
                System.out.print(i + "\t");
            }
        }
    }
```

通过运行项目，其结果如图 S2-1 所示。

```
******************欢 迎 使 用 万 年 历******************

请选择年份： 2018

请选择月份： 6

星期日   星期一   星期二   星期三   星期四   星期五   星期六
                                            1       2
3       4       5       6       7       8       9
10      11      12      13      14      15      16
17      18      19      20      21      22      23
24      25      26      27      28      29      30
```

图 S2-1　万年历运行结果

附　万年历项目完整代码如下：

```
import java.util.Scanner;
public class PrintCalendar{
    public static void main(String[] args) {
        System.out.println("*************欢 迎 使 用 万 年 历*************");
        Scanner input = new Scanner(System.in);
        System.out.print("\n 请选择年份：  ");
        int year = input.nextInt();
        System.out.print("\n 请选择月份：  ");
        int month = input.nextInt();
        System.out.println();
        int days = 0; // 存储当月的天数
        boolean isRn;
        /* 判断是否是闰年 */
if (year % 4 == 0 && !(year % 100 == 0) || year % 400 == 0) { // 判断是否为闰年
            isRn = true; // 闰年
        } else {
            isRn = false;// 平年
        }
        /*
         * if(isRn){ System.out.println(year + "\t 闰年"); }else{
         * System.out.println(year + "\t 平年"); }
         */
        /* 计算该月的天数 */
        /*
        switch (month) {
          case 1:
          case 3:
          case 5:
          case 7:
          case 8:
          case 10:
          case 12:
            days = 31;
            break;
          case 2:
            if (isRn) {
                days = 29;
            } else {
                days = 28;
            }
```

```
            break;
        default:
            days = 30;
            break;
    }
    System.out.println(month + "\t 共" + days + "天");
    */
    /* 计算输入的年份之前的天数 */
    int totalDays = 0;
    for (int i = 1900; i < year; i++) {
        /* 判断闰年或平年，并进行天数累加 */
    if (i % 4 == 0 && !(i % 100 == 0) || i % 400 == 0) { // 判断是否为闰年
            totalDays = totalDays + 366; // 闰年 366 天
        } else {
            totalDays = totalDays + 365; // 平年 365 天
        }
    }
    // System.out.println("输入年份距离 1900 年 1 月 1 日的天数：" + totalDays);
    /* 计算输入月份之前的天数 */
    int beforeDays = 0;
    for (int i = 1; i <= month; i++) {
        switch (i) {
          case 1:
          case 3:
          case 5:
          case 7:
          case 8:
          case 10:
          case 12:
            days = 31;
            break;
          case 2:
            if (isRn) {
                days = 29;
            } else {
                days = 28;
            }
            break;
          default:
            days = 30;break;
        }
```

```
                if (i < month) {
                    beforeDays = beforeDays + days;
                }
            }
            totalDays = totalDays + beforeDays; // 距离 1900 年 1 月 1 日的天数
            // System.out.println("输入月份距离 1900 年 1 月 1 日的天数：" + totalDays);
            // System.out.println("当前月份的天数：" + days);
            /* 计算星期几 */
            int firstDayOfMonth; // 存储当月第一天是星期几：星期日为 0，星期一～星期六为 1～6
            int temp = 1 + totalDays % 7; // 从 1900 年 1 月 1 日推算
            if (temp == 7) { // 求当月第一天
                firstDayOfMonth = 0; // 周日
            } else {
                firstDayOfMonth = temp;
            }
            // System.out.println("该月第一天是: " + firstDayOfMonth);
            /* 输出日历 */
            System.out.println("星期日\t 星期一\t 星期二\t 星期三\t 星期四\t 星期五\t 星期六");
            for (int nullNo = 0; nullNo < firstDayOfMonth; nullNo++) {
                System.out.print("\t"); // 输出空格
            }
            for (int i = 1; i <= days; i++) {
                System.out.print(i + "\t");
                if ((totalDays + i - 1) % 7 == 5) { // 如果当天为周六，输出换行
                    System.out.println();
                }
            }
        }
    }
```

S2.4　拓展应用

结合课程特点以及实际情况开发一个购物管理系统，主要是结合分支结构和循环结构的特点完成用户验证和系统开始模块。具体步骤如下：

(1) 通过 Eclipse 开发平台创建一个类 StartSMS.java，主要用于购物管理系统的入口。详细代码段如下：

```
package com.wxws.sms.management;
import com.wxws.sms.data.*;
import java.util.*;
public class StartSMS {
        /**
         *购物管理系统的入口
```

```
*/
public static void main(String[] args){
 /*出始化商场的商品和客户信息*/
    Data initial = new Data();
    initial.ini();
    /*进入系统*/
    Menu menu = new Menu();
     menu.setData(initial.goodsName, initial.goodsPrice,
                initial.custNo, initial.custBirth,initial.custScore);
    menu.showLoginMenu();
    /*菜单选择*/
    boolean con = true;
    while(con){
      Scanner input = new Scanner(System.in);
      int choice = input.nextInt();
      VerifyEqual pv = new VerifyEqual();
      switch(choice){
        case 1:
         /*密码验证*/
         for(int i = 3; i>=1; i--){
            if(pv.verify(initial.manager.username, initial.manager.password)){
                   menu.showMainMenu();
                   break;
              }else if(i!=1){
                 System.out.println("\n 用户名和密码不匹配，请重新输入：");
                 //超过 3 次输入，退出
              }else{
                   System.out.println("\n 您没有权限进入系统！谢谢！");
                   con = false;
              }
         }
         break;
        case 2:
           if(pv.verify(initial.manager.username, initial.manager.password)){
              System.out.print("请输入新的用户名：");
              initial.manager.username = input.next();
              System.out.print("请输入新的密码：");
              initial.manager.password = input.next();
              System.out.println("用户名和密码已更改！");
              System.out.println("\n 请选择，输入数字：");
         }else{
```

```
                System.out.println("抱歉，你没有权限修改！");
                con = false;
            }
            break;
          case  3:
            System.out.println("谢谢您的使用！");
            con = false;
            break;
          default:
            System.out.print("\n 输入有误！请重新选择，输入数字: ");
        }
        if(!con){
          break;
        }
      }

    }
  }
```

(2) 通过 Eclipse 开发平台创建一个类 VerifyEqual.java，主要用于验证管理员的用户名和密码是否相等。

详细代码段如下：

```
package com.wxws.sms.management;
import java.util.*;
public class VerifyEqual {
    /**
     * 验证管理员的用户名和密码是否相等
     */
    public boolean verify(String username, String password){
      System.out.print("请输入用户名：");
      Scanner input = new Scanner(System.in);
      String name = input.next();
          System.out.print("请输入密码：");
          input = new Scanner(System.in);
          String psw = input.next();
          if(name.equals(username) && password.equals(psw)){
            return true;
          }else{
            return false;
          }
    }
}
```

实战 S3 利用 Java 的类和对象开发猜拳游戏

下面通过一个实战项目：猜拳游戏的开发，掌握定义类、描述类的属性和方法，创建和使用对象，使用包组织以及开发 Java 工程的基本方法和流程。

S3.1 实战任务的引入

人机交互的游戏就是，用户输入 1、2 或 3 表示出拳“剪刀/石头/布”，计算机随机出拳，然后裁判赢和输，给出提示，赢可获得一分。

1. 猜拳游戏简介

当用户输入 1、2 或 3 表示出拳“剪刀/石头/布”，计算机随机出拳，然后裁判赢和输，给出提示。

2. 实战任务分析

通过这个游戏，抽象出类、类的特征和行为，并创建用户类。

S3.2 知识背景

1. Java 的类

类是对象的类型，它与 int 类型的不同之处是具有方法。

定义一个类的步骤如下：

(1) 定义类名；

(2) 编写类的属性；

(3) 编写类的方法。

2. Java 的对象

对象同时具有属性和方法两项特性，通常对象的属性和方法被封装在一起，共同体现事物的特性，二者相辅相成，不能分割。

1) 使用对象的步骤

(1) 使用 new 创建类的一个对象；

(2) 使用“.”进行以下操作：

① 给类的属性赋值：对象名.属性；

② 调用类的方法：对象名.方法名()。

2) 类和对象的区别

(1) 类是抽象的概念，仅仅是模板，比如“人”；

(2) 对象是一个能够看得到摸得着的具体实体，比如“小明”。

3) 面向对象的优点

(1) 便于程序模拟现实世界中的实体：用“类”可表示实体的特征和行为；

(2) 隐藏细节：对象的行为和属性被封装在类中，外界通过调用类的方法来获得，无需关注内部细节如何实现；

(3) 可重用：可以通过类的模板创建多个类的对象。

S3.3　实战任务的实现

1. 猜拳游戏的原理

用户进入游戏后首先选择角色，游戏开始：用户输入 1、2 或 3 表示出拳“剪刀/石头/布”，计算机随机出拳，然后裁判赢和输，给出提示，赢可获得一分。用户输入 n 可以退出，将每一局的累加积分进行比较，显示人机对决结果，给出提示。

(1) 抽象出类，描述类的特征和行为，并创建用户类和计算机类；

(2) 创建游戏类，编写它的方法：初始化、计算对战结果、显示结果；

(3) 编写游戏类的方法：开始游戏。

2. 猜拳游戏的开发方法

通过业务逻辑分析，抽象出业务逻辑的相关类的属性和方法。

(1) 创建用户类(Persion)。

属性：名称(初始值为“匿名”)、积分(初始值为 0)。

方法：出拳。

输入 1：显示“你出拳：剪刀”；

输入 2：显示“你出拳：石头”；

输入 3：显示“你出拳：布”。

具体步骤如下：通过 Eclipse 开发平台创建一个类 Persion.java，主要用于描述 Persion 类的特征和行为。

详细代码如下：

```
package com.game.guess;
import java.util.Scanner;
public class Person {
        String name = "匿名";
        int score = 0;
        public int showFist(){
         Scanner input = new Scanner(System.in);
         System.out.print("\n 请出拳:1.剪刀  2.石头  3.布  (输入相应数字) :");
         int show = input.nextInt();
         switch(show){
              case 1:System.out.println("你出拳: 剪刀");break;
              case 2:System.out.println("你出拳: 石头");break;
              case 3:System.out.println("你出拳: 布");break;
         }
         return show;
        }
}
```

(2) 创建用户类(Computer)。

属性：名称(初始值为“匿名”)、积分(初始值为 0)。

方法：出拳(产生随机数(1～3))。

产生 1：显示“电脑出拳：剪刀”；

产生 2：显示”电脑出拳：石头”；

产生 3：显示“电脑出拳：布”。

具体步骤如下：通过 Eclipse 开发平台创建一个类 Computer.java，主要用于描述 Computer 类的特征和行为。

详细代码如下：

```
package com.game.guess;
public class Computer {
        String name = "匿名";
        int score = 0;
        public int showFist(){
         int show = (int)(Math.random()*10)%3 + 1;   //产生随机数，表示电脑出拳
         switch(show){
             case 1:System.out.println("电脑出拳：剪刀");break;
             case 2:System.out.println("电脑出拳：石头");break;
             case 3:System.out.println("电脑出拳：布");break;
         }
         return show;
        }
}
```

(3) 创建游戏类(Game)。

属性：甲方玩家(用户)、乙方玩家(计算机)、对战次数。

编写游戏类方法 1：初始化；

编写游戏类方法 2：计算并返回对战结果；

编写游戏类方法 3：显示对战结果。

具体步骤如下：通过 Eclipse 开发平台创建一个类 Game.java，主要用于描述 Game 类的特征和行为。

详细代码如下：

```
package com.game.guess;
import java.util.Scanner;
public class Game {                //类和类的属性
      Person person;               // 甲方
      Computer computer;           // 乙方
      int count;                   // 对战次数
      public void initial() {      //类的初始化方法
            person = new Person();
```

```
        computer = new Computer();
        count = 0;
    }
    public void showResult() {   //显示对战结果
    System.out.println("-----------------------------------------------");
        System.out.println(computer.name + " VS " + person.name);
        System.out.println("对战次数： " + count);
        int result = calcResult();
        if (result == 1) {
            System.out.println("结果：打成平手，下次再和你一分高下！");
        } else if (result == 2) {
            System.out.println("结果：恭喜恭喜！"); // 用户获胜
        } else {
        System.out.println("结果：呵呵，笨笨，下次加油啊！"); // 计算机获胜
        }
     System.out.println("--------------------------------------------");
    }
    public int calcResult() {//计算结果方法
        if (person.score == computer.score) {
            return 1;
        } else if (person.score > computer.score) {
            return 2;
        } else {
            return 3;
        }
    }
}
```

(4) 创建游戏类开始方法(startGame())。

① 输出游戏界面；

② 显示游戏规则；

③ 提示用户选择对战角色；

④ 提示用户出拳，用户和计算机出拳，并提示结果；

⑤ 输入 n 退出对战，显示最终结果。

具体步骤如下：通过 Eclipse 开发平台创建一个类 Game.java，主要用于描述 Game 类的特征和行为。

详细代码如下：

```
package com.game.guess;
import java.util.Scanner;
public class Game {
```

同上 Game.java 所示

```
public void startGame() {//开始游戏
    System.out.println("-------欢 迎 进 入 游 戏 世 界-------\n");
    System.out.println("\n\t\t******************");
    System.out.println("\t\t**  猜拳，开始    **");
    System.out.println("\t\t******************");
    System.out.println("\n\n 出拳规则：1.剪刀 2.石头 3.布");
    /* 选择对方角色 */
    System.out.print("请选择角色(1：刘备 2：孙权 3：曹操)： ");
    Scanner input = new Scanner(System.in);
    int role = input.nextInt();
    if (role == 1) {
        computer.name = "刘备";
    } else if (role == 2) {
        computer.name = "孙权";
    } else if (role == 3) {
        computer.name = "曹操";
    }
    System.out.print("\n 要开始吗？(y/n) ");
    String con = input.next();
    int perFist; // 用户出的拳
    int compFist; // 计算机出的拳
    while (con.equals("y")) {/* 出拳 */
        perFist = person.showFist();
        compFist = computer.showFist();
        /* 裁决 */
        if ((perFist == 1 && compFist == 1) || (perFist == 2 && compFist == 2) ||
        (perFist == 3 && compFist == 3)) {
              System.out.println("结果: 和局, 真衰! 嘿嘿, 等着瞧吧 !\n"); // 平局
            } else if ((perFist == 1 && compFist == 3) || (perFist == 2 &&
        compFist == 1) || (perFist == 3 && compFist == 2)) {
            System.out.println("结果： 恭喜， 你赢了！"); // 用户赢
            person.score++;
        } else {
            System.out.println("结果说: ^_^,你输了，真笨!\n"); // 计算机赢
            computer.score++;
        }
        count++;
        System.out.print("\n 是否开始下一轮(y/n): ");
```

```
                con = input.next();
            }
            /* 显示结果 */
            showResult();
        }
        public void showResult() {//显示比赛结果
        System.out.println("---------------------------------------------");
            System.out.println(computer.name + "   VS   " + person.name);
            System.out.println("对战次数：" + count);
            int result = calcResult();
            if (result == 1) {
                System.out.println("结果：打成平手，下次再和你一分高下！");
            } else if (result == 2) {
                System.out.println("结果：恭喜恭喜！"); // 用户获胜
            } else {
            System.out.println("结果：呵呵，笨笨，下次加油啊！"); // 计算机获胜
            }
            System.out.println("---------------------------------------");
        }
        public int calcResult() {//计算比赛结果
            if (person.score == computer.score) {
                return 1;
            } else if (person.score > computer.score) {
                return 2;
            } else {
                return 3;
            }
        }
    }
```

3. 猜拳游戏的测试技巧

如何将实现人机猜拳游戏，能够按照预期的目标得到正确的结果？需要进行测试的设计。

具体步骤如下：通过 Eclipse 开发平台创建一个类 StartGuess.java，主要用于测试人机猜拳游戏。

详细代码如下：

```
    package com.game.guess;
    public class StartGuess{//人机互动版猜拳游戏程序入口
        public static void main(String[] args) {
```

```
            Game game = new Game();
            game.initial();
            game.startGame();
        }
    }
```

运行结果 Person 战胜 Computer 如图 S3-1 所示，Person 与 Computer 和局如图 S3-2 所示， Person 战败 Computer 和局如图 S3-3 所示。

```
------------欢 迎 进 入 游 戏 世 界-----------
        *******************
        ***  猜拳游戏， 开始  ***
        *******************
出拳规则：1.剪刀 2.石头 3.布
请选择角色（1：刘备 2：孙权 3：曹操）： 2

要开始吗？（y/n） y

请出拳:1.剪刀 2.石头 3.布（输入相应数字） :3
你出拳： 布
电脑出拳： 石头
结果： 恭喜， 你赢了！
是否开始下一轮（y/n）：  n
--------------------------------------
孙权 VS  匿名
对战次数：1
结果：恭喜恭喜！
--------------------------------------
```

图 S3-1 Person 战胜 Computer

```
------------欢 迎 进 入 游 戏 世 界-----------
        *******************
        ***  猜拳游戏， 开始  ***
        *******************
出拳规则：1.剪刀 2.石头 3.布
请选择角色（1：刘备 2：孙权 3：曹操）： 3

要开始吗？（y/n） y

请出拳:1.剪刀 2.石头 3.布（输入相应数字） :2
你出拳： 石头
电脑出拳： 石头
结果:和局,真衰! 嘿嘿,等着瞧吧 !

是否开始下一轮（y/n）：  n
--------------------------------------
曹操 VS  匿名
对战次数：1
结果：打成平手，下次再和你一分高下！
--------------------------------------
```

图 S3-2 Person 与 Computer 和局

```
------------欢 迎 进 入 游 戏 世 界-----------
        *******************
        ***  猜拳游戏， 开始  ***
        *******************
出拳规则：1.剪刀 2.石头 3.布
请选择角色（1：刘备 2：孙权 3：曹操）： 3

要开始吗？（y/n） y

请出拳:1.剪刀 2.石头 3.布（输入相应数字） :1
你出拳： 剪刀
电脑出拳： 石头
结果说:^_^,你输了，真笨！

是否开始下一轮（y/n）：  n
--------------------------------------
曹操 VS  匿名
对战次数：1
结果：呵呵，笨笨，下次加油啊！
--------------------------------------
```

图 S3-3 Person 战败 Computer 和局

S3.4 拓展应用

针对实战 S1 分析的购物管理系统的业务逻辑结构，本部分主要结合类的特征和方法，以及对象的相关使用技巧完成相关信息数据类的定义和菜单模块的设计。具体步骤如下：

(1) 通过 Eclipse 开发平台创建一个类 Manager.java，主要用于购物管理系统的管理员信息类的定义与实现。

详细代码段如下：

```
public class Manager {
        /**
         * 管理员信息
         */
        public String username = "manager";   //管理员名字
        public String password = "0000";      //管理员密码
}
```

(2) 通过 Eclipse 开发平台创建一个类 Data.java，主要用于购物管理系统的商品信息初始化的定义与实现。

详细代码段如下：

```
public class Data {//初始化数据
        /*商品信息*/
        public String[] goodsName = new String[50];
        public double[] goodsPrice = new double[50];
        /*会员信息*/
        public int[] custNo = new int[100];
        public String[] custBirth = new String[100];
        public int[] custScore = new int[100];
        /*管理员*/
        public Manager manager = new Manager();
        public void ini(){
         //商品 0
         goodsName[0] = "addidas 运动鞋";
         goodsPrice[0] = 880;
         //商品 1
         goodsName[1] = "Kappa 网球裙";
         goodsPrice[1]= 200;
         //商品 2
         goodsName[2] = "网球拍";
         goodsPrice[2]= 780;
         //商品 3
         goodsName[3]= "addidasT 恤";
         goodsPrice[3] = 420.78;
         //商品 4
         goodsName[4] = "Nike 运动鞋";
         goodsPrice[4] = 900;
```

```
            //商品 5
            goodsName[5] = "Kappa 网球";
            goodsPrice[5] = 45;
            //商品 6
            goodsName[6] = "KappaT 恤";
            goodsPrice[6] = 245;
             custNo [0] = 1900;              //客户 1
            custBirth[0] = "08/05";
            custScore[0] = 2000;
            custNo [1] = 1711;               //客户 2
            custBirth[1] = "07/13";
            custScore[1] = 4000;
            custNo [2] = 1623;               //客户 3
            custBirth[2] = "06/26";
            custScore[2] = 5000;
            custNo [3] = 1545;               //客户 4
            custBirth[3] = "04/08";
            custScore[3] = 2200;
            custNo [4] = 1464;               //客户 5
            custBirth[4] = "08/16";
            custScore[4] = 1000;
            custNo [5] = 1372;               //客户 6
            custBirth[5] = "12/23";
            custScore[5] = 3000;
            custNo[6] = 1286;                //客户 7
            custBirth[6] = "12/21";
            custScore[6] = 10080;
        }
    }
```

(3) 通过 Eclipse 开发平台创建一个类 Gift.java，主要用于购物管理系统的礼品类名称和价格属性的定义 toString()方法的实现。

详细代码段如下：

```
public class Gift {//礼品类
    public String name;
    public double price;
    public String toString(){
        return "一个价值￥" + price + "的" + name;
    }
}
```

(4) 通过 Eclipse 开发平台创建一个类 Menu.java，主要用于购物管理系统的菜单类的商品和会员信息的定义，以及菜单信息列表的设计与实现。

详细代码段如下：

```
public class Menu {//菜单类
    /*商品信息*/
     public String[] goodsName;
     public double[] goodsPrice;
     /*会员信息*/
     public int[] custNo;
     public String[] custBirth;
     public int[] custScore;
    /**
    * 传递数据库
    */
      public void setData(String[] goodsName1,double[] goodsPrice1,int[] custNo1,
String[] custBirth1, int[] custScore1){
              goodsName = goodsName1;
              goodsPrice = goodsPrice1;
              custNo = custNo1;
              custBirth = custBirth1;
              custScore = custScore1;
      }
      /**
       * 显示购物管理系统的登录菜单
       */
      public void showLoginMenu() {
              System.out.println("\n\n\t\t     欢迎使用购物管理系统 1.0 版\n\n");
              System.out.println ("* * * *   * ** * * * * * * * * * * * * * * * * * * * * * * *\n");
              System.out.println("\t\t\t 1. 登 录 系 统\n\n");
              System.out.println("\t\t\t 2. 更 改 管 理 员 密 码\n\n");
              System.out.println("\t\t\t 3. 退 出\n\n");
              System.out.println ("* * * ** * * * * * * * * * * * * * * * * * * * * * * * * * * *\n");
              System.out.print("请选择，输入数字:");
      }
      /**
       * 显示我行我素购物管理系统的主菜单
       */
      public void showMainMenu() {
```

```
        System.out.println("\n\n\t\t\t 欢迎使用购物管理系统\n");
        System.out.println("* * * * * * * * * * * * * * * * * * * * * * * * * * * * * * * *\n");
        System.out.println("\t\t\t 1. 客 户 信 息 管 理\n");
        System.out.println("\t\t\t 2. 购 物 结 算\n");
        System.out.println("\t\t\t 3. 真 情 回 馈\n");
        System.out.println("\t\t\t 4. 注 销\n");
        System.out.println("* * * * * * * * * * * * * * * * * * * * * * * * * * * * * * * *\n");
        System.out.print("请选择,输入数字:");
        Scanner input = new Scanner(System.in);
        boolean con = false;
        do{
            String num = input.next();
              if(num.equals("1")){
                  //显示客户信息管理菜单
                      showCustMMenu();
                      break;
              }else if(num.equals("2")){
                      //显示购物结算菜单
                      Pay pay = new Pay();
                      pay.setData(goodsName, goodsPrice, custNo, custBirth, custScore);
                      pay.calcPrice();
                      break;
              }else if(num.equals("3")){
                  //显示真情回馈菜单
                      showSendGMenu();
                      break;
              }else if(num.equals("4")){
                      showLoginMenu();
                      break;
              }else{
                      System.out.print("输入错误，请重新输入数字：");
                      con = false;
              }
        }while(!con);
}
/**
 * 客户信息管理菜单
 */
```

```
public void showCustMMenu() {
    System.out.println("购物管理系统 > 客户信息管理\n");
    System.out.println("* * *  * * * * * * * * * * * * * * * * * * * * * * * * * *\n");
    System.out.println("\t\t\t 1. 显 示 所 有 客 户 信 息\n");
    System.out.println("\t\t\t 2. 添 加 客 户 信 息\n");
    System.out.println("\t\t\t 3. 修 改 客 户 信 息\n");
    System.out.println("\t\t\t 4. 查 询 客 户 信 息\n");
    System.out.println("* * * * ** * * * * * * * * * * * * * * * * * * * * * * * * *\n");
    System.out.print("请选择，输入数字或按'n'返回上一级菜单:");
    Scanner input = new Scanner(System.in);
    boolean con = true;   //处理如果输入菜单号错误
   do{
      CustManagement cm = new CustManagement();
       cm.setData(goodsName, goodsPrice, custNo, custBirth, custScore);
       String num = input.next();
       if(num.equals("1")){
              cm.show();
              break;
       }else if(num.equals("2")){
              cm.add();
              break;
       }else if(num.equals("3")){
              cm.modify();
              break;
       }else if(num.equals("4")){
              cm.search();
              break;
       }else if(num.equals("n")){
           showMainMenu();
       break;
       }else{
           System.out.println("输入错误，请重新输入数字：");
           con = false;
       }
   }while(!con);
}
/**
 * 显示购物管理系统的真情回馈菜单
```

```
    */
    public void showSendGMenu(){
        System.out.println("购物管理系统 > 真情回馈\n");
        System.out.println("* * * * * * * * * * * * * * * * * * * * * * * * * * * * * * *\n");
        System.out.println("\t\t\t\t 1. 幸 运 大 放 送\n");
        System.out.println("\t\t\t\t 2. 幸 运 抽 奖\n");
        System.out.println("\t\t\t\t 3. 生 日 问 候\n");
        System.out.println("* * * * * * * * * * * * * * * * * * * * * * * * * * * * * * *\n");
        System.out.print("请选择, 输入数字或按'n'返回上一级菜单:");
        Scanner input = new Scanner(System.in);
        boolean con = true;    //处理如果输入菜单号错误
        GiftManagement gm = new GiftManagement();
        gm.setData(goodsName, goodsPrice, custNo, custBirth, custScore);
          do{
            String num = input.next();
            if(num.equals("1")){
              //幸运大放送
                gm.sendGoldenCust();
                break;
            }else if(num.equals("2")){
                //幸运抽奖
                gm.sendLuckyCust();
                break;
            }else if(num.equals("3")){
              //生日问候
                gm.sendBirthCust();
                break;
            }else if(num.equals("n")){
              showMainMenu();
              break;
            }else{
              System.out.println("输入错误, 请重新输入数字: ");
              con = false;
            }
          }while(!con);
    }
}
```

运行购物系统的主界面如图 S3-4 所示，登录成功后的主界面如图 S3-5 所示。

```
                    欢迎使用购物管理系统1.0版

    * * * * * * * * * * * * * * * * * * * * * * * * * *

                    1. 登录系统

                    2. 更改管理员密码

                    3. 退出

    *  * * * * * * * * * * * * * * * * * * * * * * * * *

请选择,输入数字:1
请输入用户名：admin
请输入密码：0000
```

图 S3-4　购物系统的主界面

```
                    欢迎使用购物管理系统

    * * * *  * * * * * * * * * * * * * * * * * * * * * *

                    1. 客户信息管理

                    2. 购物结算

                    3. 真情回馈

                    4. 注销

    * * * * * * * * * * * * * * * * * * * * * * * * * *
```

图 S3-5　登录成功后的主界面

实战 S4　利用 Java 综合知识开发 MINI 音乐管理系统

我们已经学习了 Java 程序设计的基本概念、基本结构、字符和数组以及 Java 类和对象，下面通过一个综合实战项目——MINI 音乐管理系统，掌握项目开发的业务逻辑分析、程序设计的基本流程和基本方法，以及运行和测试的基本方法。

S4.1　实战任务的引入

在当今快节奏的生活状态下，通过音乐来减压可以算是一种好方法。网络音乐流行不断，如何对自己喜欢的音乐进行管理显得非常重要。

1. MINI 音乐管理系统简介

本项目主要是为人们查询、借阅、收集音乐提供方便的途径。为了便于教学，我们主要设计了 MINI 音乐管理系统的查询和借出模块，意在灵活应用 Java 语言的基本概念、基本结构以及 Java 的类和对象的实用方法。对于其他的功能模块同学们可以根据具体的业务需求进行完善，以使其更加实用。

2. 实战任务分析

该 MINI 音乐管理系统运用了 OOP 设计思想和 Java 语言相关技术来完成开发，是一个基于 Java 的 MINI 音乐管理系统，主要完成以下任务：

(1) DVD 信息查询；

(2) DVD 借出管理。

S4.2　知识背景

要想很好地掌握和应用一门语言进行开发和设计，对于其基本概念、基本结构的理解是至关重要的，对于数组、字符串等基本的数据类型的掌握也必不可少，而对于 OOP 设计思想中类和对象的定义、创建及使用则必须精通。

1. Java 的基本概念

Java 程序程序设计语言中的基本概念主要有以下几个：

1) 程序

为了让计算机执行某些操作或解决某个问题而编写的一系列有序指令的集合称为程序。Java 程序开发包括以下三个基本步骤：

(1) 编写源程序；

(2) 编译源程序；

(3) 运行。

2) 变量

变量是存储数据的一个基本单元，用于申请内存来存储数值。也就是说，当创建变量时，需要在内存中申请空间。使用变量的步骤如下：

(1) 声明一个变量：根据类型开辟空间；

(2) 赋值：将数据存入空间；

(3) 使用变量：取出数据使用。

内存管理系统根据变量的类型为变量分配存储空间，分配的空间只能用来储存该类型数据。

3) 数据类型

数据类型是一个值的集合以及定义在这个值集上的一组操作，包括数值和非数值。

数值：整型(int)、非整型(float、double)；

非数值：字符(char)、字符串(String)。

2. Java 的基本结构

Java 程序设计的基本结构包括：

1) 顺序结构

顺序结构就是从上往下，依次执行。

2) 分支

(1) 简单 if 条件结构；

(2) 标准 if-else 条件结构；

(3) 嵌套 if 条件结构；

(4) 多重 if 条件结构。

3) 循环

循环结构的特点是循环条件、循环操作。

(1) while 循环的基本特点：先判断，再执行。其循环的步骤如下：

① 分析循环条件和循环操作；

② 套用 while 语法写出代码；

③ 检查循环是否能够退出；

④ 跳转语句编写程序。

(2) do-while 循环的基本特点：先执行，再判断。其循环的步骤如下：

① 分析循环条件和循环操作；

② 套用 do-while 语法写出代码；

③ 检查循环是否能够退出；

④ 跳转语句编写程序。

(3) while 与 do-while 的区别：

① 语法不同；

② 初始情况不满足循环条件时：while 循环一次都不会执行，do-while 循环不管任何情况都至少执行一次。

(4) for 循环的基本特点：先判断，再执行。其循环的步骤如下：

① 分析循环条件和循环操作；

② 套用 for 语法写出代码；

③ 检查循环是否能够退出。

3. Java 的数组和字符串

1) 数组

数组是一个变量，用于存储相同数据类型的一组数据。

声明数组并分配空间的格式如下：

数据类型[ ]　数组名　= new　　数据类型[大小] ;

2) 字符串

字符串 String 对象用于存储字符串。String 类位于 java.lang 包中，功能如下：

(1) 计算字符串的长度；

(2) 连接字符串；

(3) 比较字符串；

(4) 提取字符串。

4. Java 的类和对象

1) 对象的特征

对象的基本特征包括属性和方法。

属性：对象具有的各种特征(每个对象的每个属性都拥有特定值)；

方法：对象执行的操作(对象同时具有属性和方法两项特性)。

对象的使用方法：

(1) 使用 new 创建类的一个对象；

(2) 使用对象，即使用“.”进行以下操作：

① 给类的属性赋值：对象名.属性；

② 调用类的方法：对象名.方法名()。

2) 封装

对象的属性和方法通常被封装在一起，共同体现事物的特性， 二者相辅相成，不能分割。

S4.3　实战任务的实现

1. 讲解 MINI 音乐管理系统的原理

(1) 编写入口程序，显示系统菜单，支持菜单选择。

需求说明：编写 DVDSet 类，即初始化当前 DVD 信息；编写 DVDMgr 类，即使用 setData 方法加载数据信息、startMenu 方法显示管理器菜单，支持菜单选择，编写入口程序。

(2) 进行 DVD 信息查询，查询完毕返回主菜单。

需求说明：扩展 DVDMgr 类；编写 search 方法；显示 DVD 信息(名称、借出状态)，编写 returnMain 方法；输入 0 返回主菜单。

(3) 实现管理 DVD 借出的功能，修改借出状态后返回主菜单。

需求说明：扩展 DVDMgr 类；编写 lend 方法；输入要借的 DVD 名称，修改 DVD 状态。

2. MINI 音乐管理系统的开发方法

(1) 编写入口程序，显示系统菜单，支持菜单选择。

需求说明：编写 DVDSet 类，即初始化当前 DVD 信息；编写 DVDMgr 类，即使用 setData 方法加载数据信息、startMenu 方法显示管理器菜单，支持菜单选择，编写入口程序。

具体步骤如下：

① 通过 Eclipse 开发平台创建一个类 DVDSet.java，主要用于初始化当前 DVD 信息。

详细代码段如下：

```
public class DVDSet {
    String[] name = new String[50];     //数组 1 存储 DVD 名称数组
    int[] state = new int[50];          //数组 2 存储 DVD 借出状态：0 已借出/1 可借
    public void initial(){
     /*DVD1：罗马假日*/
     name[0] = "罗马假日";
     state[0] = 0;
     /*DVD2: 越狱*/
     name[1] = "越狱";
     state[1] = 1;
     /*DVD3: 浪漫满屋*/
     name[2] = "浪漫满屋";
     state[2] = 1;
    }
}
```

② 通过 Eclipse 开发平台创建一个类 DVDMgr.java，主要用于 setData 方法加载数据信息、startMenu 方法显示管理器菜单，支持菜单选择，编写入口程序。

详细代码段如下：

```
public class DVDMgr {
    /**
     * 创建 DVD 集
     */
    DVDSet dvd = new DVDSet();
    /**
     * 初始化数据
     */
    public void setData() {
        dvd.initial();
    }
    /**
     * 显示菜单
     */
    public void startMenu() {
        System.out.println("欢 迎 使 用 MiniDVD Mgr 1.0");
```

```
            System.out.println("----------------------------------------------");
            System.out.println("1. 查 看 DVD");
            System.out.println("2. 借 出 DVD");
            System.out.println("3. 退 出 MiniDVD Mgr");
            System.out.println("----------------------------------------------\n");
            System.out.print("请选择： ");
            Scanner input = new Scanner(System.in);
            int choice = input.nextInt();
            switch (choice) {
              case 1:
                 // 查询
                 break;
              case 2:
                 // 借出
                 break;
              case 3:
                 System.out.println("\n 欢 迎 使 用！ ");
                 break;
            }
        }
        /**
         * 入口程序
         *
         * @param args
         */
        public static void main(String[] args) {
            DVDMgr mgr = new DVDMgr();
            mgr.setData(); // 加载数据
            mgr.startMenu();
        }
    }
```

(2) 进行 DVD 信息查询，查询完毕返回主菜单。

需求说明：扩展 DVDMgr 类；编写 search()方法；显示 DVD 信息(名称、借出状态)，编写 returnMain()方法；输入 0 返回主菜单。

具体步骤如下：通过 Eclipse 开发平台创建一个类 DVDMgr.java，主要用于显示 DVD 信息(名称、借出状态)和输入 0 返回主菜单。

详细代码段如下：

```
public class DVDMgr {
    同上 DVDMgr 类中的方法;
```

```
    /**
     * 查询所有 DVD 信息
     */
    public void search() {
        System.out.println("MyDVD Mgr 1.0 ---> 查询 DVD\n");
        for (int i = 0; i < dvd.name.length; i++)
        {
            if (dvd.name[i] == null)
            {
                break;
            } else if (dvd.state[i] == 0) {
                System.out.println("<<" + dvd.name[i] + ">>" + "\t\t 已借出");
            } else if (dvd.state[i] == 1) {
                System.out.println("<<" + dvd.name[i] + ">>");
            }
        }
        System.out.println("--------------------------------");
        returnMain();
    }
    /**
     * 返回主菜单
     */
    public void returnMain() {
        Scanner input = new Scanner(System.in);
        System.out.print("输入 0 返回\n");
        if (input.nextInt() == 0)
        {
            startMenu();
        } else {
            System.out.println("输入错误，异常终止！");
        }
    }
}
```

(3) 实现管理 DVD 借出的功能，修改借出状态后返回主菜单。

需求说明：扩展 DVDMgr 类；编写 lend()方法；输入要借的 DVD 名称，修改 DVD 状态。

具体步骤如下：通过 Eclipse 开发平台创建一个类 DVDMgr.java，主要用于输入要借的 DVD 名称，修改 DVD 状态。

详细代码段如下：

```
public class DVDMgr {
    同上 DVDMgr 类中的方法;
    /**
     * 显示菜单
     */
    public void startMenu() {
        System.out.println("欢 迎 使 用 MiniDVD Mgr 1.0");
        System.out.println("--------------------------------------------");
        System.out.println("1. 查 看 DVD");
        System.out.println("2. 借 出 DVD");
        System.out.println("3. 退 出 MiniDVD Mgr");
        System.out.println("--------------------------------------------\n");
        System.out.print("请选择：  ");
        Scanner input = new Scanner(System.in);
        int choice = input.nextInt();
        switch (choice) {
          case 1:
              search();
              break;
          case 2:
              lend();
              break;
          case 3:
              System.out.println("\n 欢 迎 使 用！ ");
              break;
        }
    }
    /**
     * 查询所有 DVD 信息
     */
    public void search() {
        System.out.println("MyDVD Mgr 1.0 ---> 查询 DVD\n");

        for (int i = 0; i < dvd.name.length; i++)
        {
            if (dvd.name[i] == null)
            {
                break;
            } else if (dvd.state[i] == 0) {
```

```
                System.out.println("<<" + dvd.name[i] + ">>" + "\t\t 已借出");
            } else if (dvd.state[i] == 1) {
                System.out.println("<<" + dvd.name[i] + ">>");
            }
        }
        System.out.println("--------------------------------");
        returnMain();
    }
    /**
     * 借出 DVD
     */
    public void lend() {
        System.out.println("MyDVD Mgr 1.0 ---> 借出 DVD\n");
        Scanner input = new Scanner(System.in);
        System.out.print("请输入 DVD 名称： ");
        String want = input.next(); // 要借出的 DVD 名称
        for (int i = 0; i < dvd.name.length; i++)
        {
            if (dvd.name[i] == null)
            { // 查询完所有 DVD 信息，跳出
                System.out.println("操作不成功：没有匹配！ ");
                break;
            }else if (dvd.name[i].equals(want) && dvd.state[i] == 1)
            {
                dvd.state[i] = 0;
                System.out.println("操作成功!");
                break;
            }// 找到匹配，跳出
        }
        System.out.println("------------------------------------");
        returnMain();
    }
    /**
     * 返回主菜单
     */
    public void returnMain() {
        Scanner input = new Scanner(System.in);
        System.out.print("输入 0 返回\n");
        if (input.nextInt() == 0)
```

```
            {
                startMenu();
            } else
            {
                System.out.println("输入错误，异常终止！");
            }
        }
```

3. MINI 音乐管理系统的测试技巧

如何实现 MINI 音乐管理系统按照预期的目标得到正确的结果？需要进行详细的测试设计。

具体步骤如下：通过 Eclipse 开发平台在原来的类 DVDMgr.java，添加 main()方法，主要用于测试 MINI 音乐管理的实现。

详细代码段如下：

```
    /**
      * 入口程序
      *
      * @param args
      */
    public static void main(String[] args) {
        DVDMgr mgr = new DVDMgr();
        mgr.setData(); // 加载数据
        mgr.startMenu();
    }
}
```

运行结果查看 DVD 如图 S4-1 所示，借出 DVD 如图 S4-2 所示。

```
欢迎使用MiniDVD Mgr 1.0
-------------------------
1. 查看DVD
2. 借出DVD
3. 退出MiniDVD Mgr
-------------------------

请选择：1
MyDVD Mgr 1.0 ---> 查询DVD

<<罗马假日>>                 已借出
<<越狱>>
<<浪漫满屋>>
-------------------------
输入0返回
```

图 S4-1 查看 DVD

```
欢迎使用MiniDVD Mgr 1.0
-------------------------
1. 查看DVD
2. 借出DVD
3. 退出MiniDVD Mgr
-------------------------

请选择：2
MyDVD Mgr 1.0 ---> 借出DVD

请输入DVD名称：浪漫满屋
操作成功！
-------------------------
输入0返回
```

图 S4-2 借出 DVD

S4.4　拓展应用

针对实战 S1 分析的购物管理系统的业务逻辑结构，本部分主要结合类的特征和方法，以及对象的相关使用技巧，完成相关信息数据类的定义和菜单模块的设计。

具体步骤如下：

(1) 通过 Eclipse 开发平台创建一个类 CustManagement.java，主要用于购物管理系统的会员信息的定义与实现。

详细代码段如下：

```
public class CustManagement {
    /*商品信息*/
    public String[] goodsName;
    public double[] goodsPrice;
    /*会员信息*/
    public int[] custNo;
    public String[] custBirth;
    public int[] custScore;
    /**
     * 传递数据库
     */
    public void setData(String[] goodsName1, double[] goodsPrice1,
int[] custNo1, String[] custBirth1, int[] custScore1){
            goodsName = goodsName1;
            goodsPrice = goodsPrice1;
            custNo = custNo1;
            custBirth = custBirth1;
            custScore = custScore1;
    }
    /**
     * 返回上一级菜单
     */
    public void returnLastMenu(){
        System.out.print("\n\n 请按'n'返回上一级菜单:");
        Scanner input = new Scanner(System.in);
        boolean con = true;
        do{
            if(input.next().equals("n"))
            {
                Menu menu = new Menu();
            menu.setData(goodsName,goodsPrice, custNo, custBirth, custScore);
```

```
                menu.showCustMMenu();
            }else{
            System.out.print("输入错误，请重新'n'返回上一级菜单：");
            con = false;
            }
        }while(!con);
    }
    /**
     * 增加会员
     */
    public void add(){
  System.out.println("购物管理系统 > 客户信息管理 > 添加客户信息\n\n");
      Scanner input = new Scanner(System.in);
      System.out.print("请输入会员号(<4 位整数>)：");
            int no = input.nextInt();
            System.out.print("请输入会员生日(月/日<用两位数表示>)：");
            String birth = input.next();
            System.out.print("请输入积分：");
            int score = input.nextInt();
            int index = -1;
            for(int i = 0; i< custNo.length; i++)
            {
                if(custNo[i] == 0)
                {
                    index = i;
                    break;
                }
            }
            custNo[index] = no;
            custBirth[index] = birth;
            custScore[index] = score;
            System.out.println("新会员添加成功！");
            //返回上一级菜单
            returnLastMenu();
    }
    /**
      * 更改客户信息
      */
      public void modify(){
```

```
System.out.println("购物管理系统 > 客户信息管理 > 修改客户信息\n\n");
        System.out.print("请输入会员号：");
        Scanner input = new Scanner(System.in);
        int no = input.nextInt();
System.out.println("    会员号          生日          积分          ");
        System.out.println("------------|------------|---------------");
        int index = -1;
        for(int i = 0; i < custNo.length; i++)
        {
                if(custNo[i] == no){
        System.out.println(custNo[i] + "\t\t" + custBirth[i]+"\t\t" + custScore[i]);
                index = i;
                break;
                }
        }
        if(index !=-1){
                System.out.println("* * * * * * * * * * * * *\n");
                System.out.println("\t\t\t\t1.修 改 会 员 生 日.\n");
                System.out.println("\t\t\t\t2.修 改 会 员 积 分.\n");
                System.out.println("* * * * * * * * * * * * * * * * * * * *\n");
                System.out.print("请选择，输入数字：");
                switch(input.nextInt()){
                    case 1:
                            System.out.print("请输入修改后的生日：");
                            custBirth[index] = input.next();
                            System.out.println("生日信息已更改！");
                            break;
                    case 2:
                            System.out.print("请输入修改后的会员积分：");
                            custScore[index] = input.nextInt();
                            System.out.println("会员积分已更改！");
                            break;
                }
        }else{
                System.out.println("抱歉，没有你查询的会员。");

        }
        //返回上一级菜单
        returnLastMenu();
```

```
}
 /**
   * 查询客户的信息
   */
  public void search(){
System.out.println("购物管理系统 > 客户信息管理 > 查询客户信息\n");
        String con = "y";
        Scanner input = new Scanner(System.in);
        while(con.equals("y")){
           System.out.print("请输入会员号：");
           int no = input.nextInt();
           System.out.println("   会员号        生日        积分        ");
          System.out.println("------------|------------|---------------");
           boolean isAvailable = false;
          for(int i = 0; i < custNo.length; i++){
               if(custNo[i] == no){
System.out.println(custNo[i] + "\t\t" + custBirth[i]+"\t\t" + custScore[i]);
                isAvailable = true;
                break;
                }
          }
           if(!isAvailable){
                System.out.println("抱歉，没有你查询的会员信息。");
           }
           System.out.print("\n 要继续查询吗(y/n):");
           con = input.next();
        }
        //返回上一级菜单
        returnLastMenu();
   }
     /**
       * 显示所有的会员信息
       */
      public void show(){
System.out.println("购物管理系统 > 客户信息管理 > 显示客户信息\n\n");
System.out.println("   会员号        生日        积分        ");
             System.out.println("------------|------------|---------------");
             int length = custNo.length;
             for(int i= 0; i<length;i++){
```

```
                    if(custNo[i] == 0){
                        break;   //客户信息已经显示完毕
                    }
                    System.out.println(custNo[i] + "\t\t" + custBirth[i]+ "\t\t" + custScore[i]);
                }
                //返回上一级菜单
                returnLastMenu();
            }
    }
```

(2) 通过 Eclipse 开发平台创建一个类 GiftManagement.java，主要用于购物管理系统的礼物回馈的定义与实现。

详细代码段如下：

```
    public class GiftManagement {
        /*商品信息*/
        public String[] goodsName;
        public double[] goodsPrice;
        /*会员信息*/
        public int[] custNo;
        public String[] custBirth;
        public int[] custScore;
        /**
         * 传递数据库
         */
        public void setData(String[] goodsName1, double[] goodsPrice1,
    int[] custNo1, String[] custBirth1, int[] custScore1){
                goodsName = goodsName1;
                goodsPrice = goodsPrice1;
                custNo = custNo1;
                custBirth = custBirth1;
                custScore = custScore1;
        }
        /**
         * 返回上一级菜单
         */
        public void returnLastMenu(){
                System.out.print("\n\n 请按'n'返回上一级菜单:");
                Scanner input = new Scanner(System.in);
                boolean con = true;
                do{
                   if(input.next().equals("n")){
```

```
                Menu menu = new Menu();
        menu.setData(goodsName, goodsPrice, custNo, custBirth, custScore);
                menu.showSendGMenu();
            }else{
            System.out.print("输入错误，请重新'n'返回上一级菜单：");
            con = false;
            }
        }while(!con);
    }
/**
  * 实现生日问候功能
  */
  public void sendBirthCust(){
        System.out.println("购物管理系统 > 生日问候\n\n");
        System.out.print("请输入今天的日期(月/日<用两位表示>)：");
      Scanner input = new Scanner(System.in);
      String date = input.next();
      System.out.println(date);
      String no = "";
      boolean isAvailable = false;
      for(int i = 0; i < custBirth.length; i++){
          if(custBirth[i]!=null && custBirth[i].equals(date)){
              no = no + custNo[i] + "\n";
              isAvailable = true;
          }
      }
      if(isAvailable){
            System.out.println("过生日的会员是：");
            System.out.println(no);
            System.out.println("恭喜！获赠 MP3 一个！");
      }else{
            System.out.println("今天没有过生日的会员！");
      }
      //返回上一级菜单
      returnLastMenu();
  }
  /**
  *  产生幸运会员
  */
  public void  sendLuckyCust(){
```

```
        System.out.println("我行我素购物管理系统 > 幸运抽奖\n\n");
        System.out.print("是否开始(y/n)： ");
        Scanner input = new Scanner(System.in);
        if(input.next().equals("y")){
            int random = (int)(Math.random()* 10);
            int baiwei; //百位
            boolean isAvailable = false;
            String list = "";
          for(int i = 0; i< custNo.length; i++){
              if(custNo[i]==0){
                  break;
              }
           baiwei = custNo[i] / 100 % 10;
           if(baiwei == random){
                  list = list + custNo[i]+ "\t";
                  isAvailable = true;
           }
          }
          if(isAvailable){
              System.out.println("幸运客户获赠 MP3： " + list);
          }else{
              System.out.println("无幸运客户。");
          }
        }
        //返回上一级菜单
      returnLastMenu();
}
public void sendGoldenCust(){
        System.out.println("购物管理系统 > 幸运大放送\n\n");
        int index = 0;
        int max = custScore[0];
        //假定积分各不相同
        for(int i = 0; i < custScore.length; i++){
            if(custScore[i] == 0){
                break;  //数组后面为空用户
            }
            //求最大积分的客户
            if(custScore[i] > max){
                max = custScore[i];
                index = i;
```

```
                }
            }
            System.out.println("具有最高积分的会员是：  " + custNo[index] + "\t" +
custBirth[index] + "\t" + custScore[index]);
           //创建笔记本电脑对象
            Gift laptop = new Gift();
            laptop.name = "苹果笔记本电脑";
            laptop.price = 12000;
            System.out.print("恭喜！ 获赠礼品：  ");
            System.out.println(laptop);
           //返回上一级菜单
           returnLastMenu();
        }
}
```

致　谢

本书的作者在多年Java语言教学、研究和实战积累的基础上，吸收了企业软件开发的设计思想与开发技术，同时借鉴了国内外Java语言程序设计课程的实践教学理念和方法，依据Java语言程序设计课程教学大纲和实验大纲的要求编写了本书。

本书在武昌理工学院信息工程学院的指导下和武汉软帝信息科技有限责任公司的支持下，由雷鸿、孙海南、吴亮任主编，曾辉、钱程、黄金水任副主编。金弘林教授对全书进行了审查。

本书在编写过程中得到了武昌理工学院信息工程学院魏绍炎院长、李强院长等领导的大力支持，也得到了武汉软帝信息科技有限责任公司李杰董事长与同仁们的大力支持，同时还得到了西安电子科技大学出版社的大力支持，在此表示衷心感谢。特别感谢有多年丰富考级培训和教学实践经验的彭玉华、胡西林、程开固、黄薇、胡雯等老师的大力支持。在编写的过程中，我们力求做到严谨细致、精益求精，但鉴于水平有限，加之时间仓促，虽然几经修改但书稿中仍不免会有疏漏，不当之处请读者、同行和专家批评指正、不吝赐教。

编　者

2018年10月